高等职业教育"十三五"规划教材（新能源课程群）

光伏发电系统组态监控

主 编　崔 健　梁 强

副主编　陈圣林　崔 宁

U0385105

中国水利水电出版社
www.waterpub.com.cn

内 容 提 要

本书是在高等职业教育多年教学改革与实践的基础上，为适应我国社会进步和经济发展的需要，结合高职学生的特点，采用项目导入，任务驱动，教、学、做一体化的教学模式编写的。

本书由简单工程建立、多液体混合监控系统设计、自动门监控系统设计、十字路口交通灯监控系统设计与绘制、机械手监控系统设计、四层电梯监控系统设计、光伏发电组态监控系统设计等七个项目 15 个学习任务构成，涵盖了工控组态软件的常用功能和应用。主要涉及 I/O 设备管理、变量定义、动画连接、趋势曲线、报表系统、报警和事件、常用控件、系统安全管理、网络连接与 Web 发布、冗余功能等。

本书可作为高等职业院校光伏发电专业、电气自动化类、电子信息类和机电一体化类及相关专业的教材，也可供相关工程技术人员参考使用。

图书在版编目（C I P）数据

光伏发电系统组态监控 / 崔健，梁强主编. -- 北京：中国水利水电出版社，2016.5
高等职业教育"十三五"规划教材. 新能源课程群
ISBN 978-7-5170-4324-9

Ⅰ. ①光… Ⅱ. ①崔… ②梁… Ⅲ. ①太阳能发电—发电设备—电力监控系统—高等职业教育—教材 Ⅳ.
①TM615

中国版本图书馆CIP数据核字(2016)第101995号

策划编辑：祝智敏　责任编辑：张玉玲　加工编辑：袁 慧　封面设计：李 佳

书　　名	高等职业教育"十三五"规划教材（新能源课程群） **光伏发电系统组态监控**
作　　者	主编 崔 健 梁 强 副主编 陈圣林 崔 宁
出版发行	中国水利水电出版社 （北京市海淀区玉渊潭南路 1 号 D 座　100038） 网址：www.waterpub.com.cn E-mail：mchannel@263.net（万水） 　　　　sales@waterpub.com.cn 电话：（010）68367658（发行部）、82562819（万水）
经　　售	北京科水图书销售中心（零售） 电话：（010）88383994、63202643、68545874 全国各地新华书店和相关出版物销售网点
排　　版	北京万水电子信息有限公司
印　　刷	北京瑞斯通印务发展有限公司
规　　格	184mm×240mm　16 开本　12.5 印张　274 千字
版　　次	2016 年 5 月第 1 版　2016 年 5 月第 1 次印刷
印　　数	0001—2000 册
定　　价	28.00 元

丛书编委会

I

序　言

　　第三次科技革命以来，高新技术产业逐渐成为当今世界经济发展的主旋律和各国国民经济的战略性先导产业，各国相继制定了支持和促进高新技术产业发展的方针政策。我国更是把高新技术产业作为推动经济发展方式转变和产业结构调整的重要力量。

　　新能源产业是高新技术产业的重要组成部分，能源问题甚至关系到国家的安全和经济命脉。随着科技的日益发展，太阳能这一古老又新颖的能源逐渐成为人们利用的焦点。在我国，光伏产业被列入国家战略性新兴产业发展规划，成为我国为数不多的处于国际领先位置，能够与欧美企业抗衡中保持优势的产业，其技术水平和产品质量得到越来越多国家的认可。新能源技术发展日新月异，新知识、新标准层出不穷，不断挑战着学校专业教学的科学性。这给当前新能源专业技术人才培养提出极大挑战，新教材的编写和新技术的更新也显得日益迫切。

　　在这样的大背景下，为解决当前高职新能源应用技术专业教材匮乏的问题，新能源专业建设协作委员会与中国水利水电出版社联合策划、组织来自企业的专业工程师、部分院校一线教师，协同规划和开发了本系列教材。教材以新能源工程实用技术为脉络，依托来自企业多年积累的工程项目案例，将目前行业发展中最实用、最新的新能源专业技术汇集进专业方案和课程方案，编写入专业教材，传递到教学一线，以期为各高职院校的新能源专业教学提供更多的参考与借鉴。

一、整体规划全面系统，紧贴技术发展和应用要求

　　新能源应用技术系列教材主要包括光伏技术应用，课程的规划和内容的选择具有体系化、全面化的特征，涉及到光电子材料与器件、电气、电力电子、自动化等多个专业学科领域。教材内容紧扣新能源行业和企业工程实际，以新能源技术人才培养为目标，重在提高专业工程实践能力，尽可能吸收企业新技术、新工艺和案例，按照基础应用到综合的思路进行编写，循序渐进，力求突出高职教材的特点。

二、鼓励工程项目形式教学，知识领域和工程思想同步培养

倡导以工程项目的形式开展教学，按项目分小组以团队方式组织实施；倡导各团队成员之间组织技术交流和沟通，共同解决本组工程方案的技术问题，查询相关技术资料，组织小组撰写项目方案等工程资料。把企业的工程项目引入到课堂教学中，针对工程中实际技能组织教学，让学生在掌握理论体系的同时，能熟悉新能源工程实施中的工作技能，缩短学生未来在企业工作岗位上的适应时间。

三、同步开发教学资源，及时有效更新项目资源

为保证本系列课程在学校的有效实施，丛书编委会还专门投入了大量的人力和物力，为系列课程开发了相应的、专门的教学资源，以有效支撑专业教学实施过程中的备课授课，以及项目资源的更新、疑难问题的解决，详细内容可以访问中国水利水电出版社万水分社的万水书苑网站，以获得更多的资源支持。

本系列教材的推出是出版社、院校教师和企业联合策划开发的成果。教材主创人员先后数次组织研讨会开展交流、组织修订以保证专业建设和课程建设具有科学的指向性。来自皇明太阳能集团有限公司、力诺集团、晶科能源有限公司、晶科电力有限公司、越海光通信科技有限公司、山东威特人工环境有限公司、山东奥冠新能科技有限公司的众多专业工程师和产品经理于洪水、彭波、黄小章、姜金国等为教材提供了技术审核和工程项目方案的支持，并承担全书的技术资料整理和企业工程项目的审阅工作。山东理工职业技术学院的静国梁、曲道宽，威海职业学院的景悦林，菏泽职业学院的王记生，皇明太阳能职业中专的董兆广等都在教材成稿过程中给予了支持，在此一并表示衷心感谢！

本书规划、编写与出版过程历经三年时间，在技术、文字和应用方面历经多次的修订，但考虑到前沿技术、新增内容较多，加之作者文字水平有限，错漏之处在所难免，敬请广大读者批评指正。

丛书编委会

II

前　言

　　"组态"的概念是伴随着集散型控制系统（DCS）的出现，开始被广大的生产过程自动化技术人员所熟知的。"组态（Configure）"的含义是"配置""设定""设置"等意思，是指用户通过类似"搭积木"的简单方式来完成自己所需要的软件功能，而不需要编写计算机程序，也就是所谓的"组态"。组态软件是标准化、规模化、商品化的通用工控开发软件，只需进行标准功能模块的软件组态和简单的编程，就可设计出标准化、专业化、通用性强、可靠性高的上位机人机界面工控程序，且工作量较小，开发调试周期短，对程序设计员要求也较低，因此，组态软件是性能优良的软件产品，目前已成为开发上位机工控程序的主流开发工具。

　　本书是在高等职业教育多年教学改革与实践的基础上，为适应我国社会进步和经济发展的需要，结合高职学生的特点，采用项目导入，任务驱动，教、学、做一体化的教学模式编写的。突出"以能力为本位，以学生为主体"的职业教育课程改革指导思想，从职业岗位需求出发，以职业能力培养为核心，实现理实一体化。学生在明确任务目标、对任务进行分析并熟悉相关知识的基础上，通过具体的任务实施过程掌握工控组态软件的实际应用技能。

　　本书包括七个教学项目，即简单工程的建立、多液体混合监控系统设计、自动门监控系统设计等，通过光伏发电组态监控系统设计实例强化实际工程项目的设计能力。

　　项目一是简单工程的建立，主要介绍组态软件的安装和环境变量的设置方法，通过项目实例的实施训练创建工程、定义 I/O 设备、构造数据库和建立动画连接的能力。

　　项目二是多液体混合监控系统设计，通过项目实例的实施训练使用工程管理器、图库，编写动画命令、绘制趋势曲线的能力。

　　项目三是自动门监控系统设计，通过项目实例训练设置设备 COM 口、建立组态软件和下位机通讯的能力。

　　项目四是十字路口交通灯监控系统设计与绘制，通过项目实例的实施训练使用点位图库编制 PLC 梯形图程序并与上位机组态软件建立通讯的能力。

　　项目五是机械手监控系统设计，通过项目实例的实施训练配置下位机设备 I/O、建立动画并与下位机建立通讯的能力。

项目六是四层电梯监控系统的设计，通过项目实例的实施训练电梯 PLC 选型、绘制流程图、建立组态动画并实现上位机与下位机通讯的能力。

　　项目七是光伏发电组态监控系统设计，通过项目实例的实施训练建立光伏电站监控系统所需的下位机 PLC 选型和编程能力、组态软件配置、动画绘制以及人机交互界面搭建能力，通过综合项目的实施强化实际工程项目的设计能力。

编　者

2016 年 2 月

目　录

序言

前言

项目一　简单工程的建立 ……………… 1

【项目导读】 …………………………… 1

【学习目标】 …………………………… 1

【建议课时】 …………………………… 1

任务一　组态监控软件认知 …………… 1

【任务描述】 …………………………… 1

【相关知识】 …………………………… 1

一、组态软件产生的背景 ………… 1

二、组态软件在我国的发展及国内外

主要产品介绍 ………………… 2

三、组态软件的发展方向 ………… 3

【任务实施】 …………………………… 5

一、组态王对计算机系统的要求 … 5

二、"组态王"的安装步骤 ……… 6

【任务检查与评价】 …………………… 8

任务二　建立矩形液面上升监控系统 … 8

【任务描述】 …………………………… 8

【相关知识】 …………………………… 8

一、组态王 6.55 的版本类型 …… 8

二、IO 设备 …………………………… 9

三、动画连接 ………………………… 9

四、数据库 …………………………… 9

【任务实施】 …………………………… 9

一、设计矩形液面上升的监控系统工程 · 9

二、创建工程路径 ………………… 10

三、创建组态画面 ………………… 11

四、定义 I/O 设备 ………………… 14

五、构造数据库 …………………… 15

六、建立动画连接 ………………… 17

七、运行和调试 …………………… 20

【任务检查与评价】 …………………… 20

项目二　多液体混合监控系统设计 …… 21

【项目导读】 …………………………… 21

【学习目标】 …………………………… 21

【建议课时】 …………………………… 21

任务一　多液体混合监控系统的画面构建 …… 21

【任务描述】 …………………………… 21

【相关知识】 …………………………… 22

一、使用工程管理器 ……………… 22

二、文件菜单 ……………………… 23

三、视图菜单 ……………………… 23

四、工具菜单 ……………………… 24

五、工程管理器工具条 …………… 24

【任务实施】 …………………………… 25

一、建立新工程 …………… 25
二、监控中心设计画图 …… 26
三、建立新画面 …………… 26
四、使用图形工具箱 ……… 28
五、使用图库管理器 ……… 28
【任务检查与评价】 ………… 30
任务二 各变量、动画连接的设置 …… 30
【任务描述】 ………………… 30
【相关知识】 ………………… 31
一、外部设备 ……………… 31
二、数据变量 ……………… 32
【任务实施】 ………………… 33
一、定义外部设备和数据变量 …… 33
二、动画连接 ……………… 38
三、画面命令语言编写 …… 42
【任务检查与评价】 ………… 44
任务三 趋势曲线、报表、报警系统的建立 … 44
【任务描述】 ………………… 44
【相关知识】 ………………… 45
一、趋势曲线 ……………… 45
二、报表 …………………… 45
三、报警系统 ……………… 45
【任务实施】 ………………… 46
一、趋势曲线绘制 ………… 46
二、报表制作 ……………… 55
三、报警系统制作 ………… 59
【任务检查与评价】 ………… 66
项目三 自动门监控系统设计 …… 67
【项目导读】 ………………… 67
【学习目标】 ………………… 67
【建议课时】 ………………… 67
任务一 自动门监控系统的建立 …… 67
【任务描述】 ………………… 67
【相关知识】 ………………… 68
【任务实施】 ………………… 68

一、建立新工程 …………… 68
二、设备 COM1 口的设置 …… 69
三、新建画面 ……………… 72
【任务检查与评价】 ………… 73
任务二 "组态王"其他应用程序在自动门
监控系统中的应用 ……… 74
【任务描述】 ………………… 74
【相关知识】 ………………… 74
【任务实施】 ………………… 74
一、定义 I/O 变量 ………… 74
二、动画连接 ……………… 74
三、命令语言 ……………… 77
【任务检查与评价】 ………… 78
项目四 十字路口交通灯监控系统的设计与绘制 79
【项目导读】 ………………… 79
【学习目标】 ………………… 79
【建议课时】 ………………… 79
任务一 十字路口交通灯监控系统的建立 … 80
【任务描述】 ………………… 80
【相关知识】 ………………… 80
【任务实施】 ………………… 80
一、新建工程 ……………… 80
二、交通灯监控系统画面绘制 ……… 82
三、定义设备 ……………… 83
四、定义 I/O 变量 ………… 86
五、命令语言编写 ………… 87
【任务检查与评价】 ………… 89
任务二 红绿灯监控系统与 S7-200 的连接 … 89
【任务描述】 ………………… 89
【相关知识】 ………………… 89
一、点位图图库使用 ……… 90
二、图片属性设置 ………… 92
【任务实施】 ………………… 93
一、十字路口交通灯监控系统的
控制要求 ……………… 93

二、十字路口交通灯硬件接线 ········· 94

二、S7-200 十字路口交通灯梯形图 ··· 95

三、系统调试 ···························· 96

【任务检查与评价】 ······················ 96

项目五　机械手监控系统的设计 ········· 97

【项目导读】 ······························ 97

【学习目标】 ······························ 97

【建议课时】 ······························ 97

任务一　机械手监控系统的建立 ········· 97

【任务描述】 ······························ 97

一、机械手工作原理描述 ············· 97

二、控制要求 ·························· 98

【相关知识】 ······························ 98

【任务实施】 ······························ 98

一、建立新工程 ······················ 98

二、设备 COM1 口的设置 ············ 99

三、新建画面 ························· 102

【任务检查与评价】 ····················· 103

任务二　机械手监控系统命令语言的编写 ··· 104

【任务描述】 ····························· 104

【相关知识】 ····························· 104

【任务实施】 ····························· 104

一、定义 I/O 变量 ··················· 104

二、动画连接 ························· 104

三、命令语言 ························· 110

【任务检查与评价】 ····················· 114

项目六　四层电梯监控系统的设计 ······· 115

【项目导读】 ····························· 115

【学习目标】 ····························· 115

【建议课时】 ····························· 115

任务一　四层电梯控制系统的设计 ······· 115

【任务描述】 ····························· 115

【相关知识】 ····························· 116

【任务实施】 ····························· 116

一、电梯的运行原则 ················· 116

二、PLC 选型及输入输出符号表 ····· 116

三、电梯控制流程图 ················· 118

四、PLC 程序板块分析 ············· 120

【任务检查与评价】 ····················· 123

任务二　四层电梯监控系统的设计 ······· 124

【任务描述】 ····························· 124

【相关知识】 ····························· 124

【任务实施】 ····························· 124

一、组态画面设计 ··················· 124

二、应用程序命令 ··················· 130

三、程序与组态的运行与调试 ······· 131

【任务检查与评价】 ····················· 131

项目七　光伏发电组态监控系统设计 ····· 132

【项目导读】 ····························· 132

【学习目标】 ····························· 133

【建议课时】 ····························· 133

任务一　光伏发电远程控制系统设计 ····· 133

【任务描述】 ····························· 133

【相关知识】 ····························· 134

一、力控组态软件概述 ··············· 134

二、力控组态软件的基本操作 ······· 136

三、力控组态工程的开发方法 ······· 139

四、对象、属性、方法、事件基本
　概念 ···························· 143

五、I/O 设备和实时数据库 ········· 144

【任务实施】 ····························· 148

一、安装力控组态软件 ··············· 148

二、实现组态软件与 PLC 的通信
　连接 ···························· 149

三、下位机 PLC 编程 ··············· 157

四、人机交互界面设计与系统实现 ··· 157

【任务检查与评价】 ····················· 159

【课外拓展】 ····························· 159

任务二　光伏发电运行监控系统设计 ······· 162

【任务描述】 ····························· 162

【相关知识】 …………………… 163
  一、趋势曲线的创建 …………… 163
  二、趋势曲线的通用设置 ………… 164
  三、曲线设置 …………………… 165
  四、高级属性和方法 …………… 168
  五、专家报表系统 ……………… 171
  六、报警系统 …………………… 173
【任务实施】 …………………… 176

  一、太阳能光伏发电系统趋势
    曲线显示 …………………… 176
  二、光伏太阳能监控系统的报表组态 · 181
  三、光伏发电系统报警窗口的建立
    与设置 …………………… 183
【任务检查与评价】 …………… 183
【课外拓展】 …………………… 184

1

简单工程的建立

【项目导读】

任务一 组态监控软件认识

阐述组态监控软件的产生、发展等，安装组态王 6.55 版本软件

任务二 建立矩形液面上升监控系统

【学习目标】

了解组态软件产生的背景、作用及发展方向，能利用组态王 6.55 软件设计一个简单的工程。

【建议课时】

6 课时。

任务一 组态监控软件认知

【任务描述】

了解组态软件的产生、发展。

【相关知识】

一、组态软件产生的背景

"组态"的概念是伴随着集散型控制系统（Distributed Control System，简称 DCS）的出

现,开始被广大的生产过程自动化技术人员所熟知。在工业控制技术不断发展和应用的过程中,PC(包括工控机)相比以前的专用系统具有明显的优势。这些优势主要体现在:

1)PC 技术保持了较快的发展速度,各种相关技术成熟;

2)由 PC 构建的工业控制系统具有相对较低的成本;

3)PC 的软件资源和硬件资源丰富,软件之间的互操作性强;

4)基于 PC 的控制系统易于学习和使用,可以容易地得到技术方面的支持。

PC 技术向工业控制领域的渗透过程中,组态软件占据着非常重要而且特殊的地位。

组态软件是对工业自动化生产中的一些数据进行采集与过程控制的一种专用软件。它们是自动控制系统中监控层级的软件平台和开发环境,为用户提供快速构建工业自动控制系统监控功能的、通用层次的软件工具。组态软件支持各种工控设备和常见的通讯协议,并且通常提供分布式数据管理和网络功能。对应于原有的 HMI 的概念,组态软件是一个使用户能快速建立自己需求的 HMI 的软件工具或开发环境。在组态软件出现之前,工控领域的用户通过手工或委托第三方编写 HMI 应用,开发时间长、效率低、可靠性差;或者购买专用的工控系统,但这些系统通常是封闭的,选择余地小,不能满足客户需求,很难与外界数据进行交互,升级和增加功能都受到了严重的限制。

组态软件的出现,把用户从这些困境中解脱了出来。利用组态软件的功能,构建一套最适合自己的应用系统。随着它的快速发展,实时数据库、实时控制、SCADA、通讯及联网、开放数据接口、对 I/O 设备的广泛支持已经成为它的主要内容,随着技术的发展,监控组态软件将会不断被赋予新的内容。

二、组态软件在我国的发展及国内外主要产品介绍

组态软件产品出现于 20 世纪 80 年代初,并在 80 年代末期进入我国。但在 90 年代中期之前,组态软件在我国的应用并不普及。究其原因,大致有以下几点:

1)国内用户缺乏对组态软件的认识,项目中没有组态软件的预算,或宁愿投入人力物力针对具体项目做长周期繁冗的上位机的编程开发,而不采用组态软件。

2)在很长时间里,国内用户的软件意识还不强,面对价格不菲的进口软件(早期的组态软件多为国外厂家开发),很少有用户愿意去购买。

3)当时国内工业自动化和信息技术应用的水平还不高,对组态软件提供的大规模应用、大量数据的采集、监控、处理和将处理结果生成管理所需的数据等需求并未完全形成。

随着工业控制系统应用的深入,在面临更大规模、更复杂的控制系统时,人们逐渐意识到原有的上位机编程开发方式对项目来说是费时、费力、得不偿失的,同时,管理信息系统(Management Information System,MIS)和计算机集成制造系统(Computer Integrated Manufacturing System,CIMS)的大量应用,要求工业现场为企业的生产、经营、决策提供更详细和深入的数据,以便优化企业生产经营中的各个环节。在 1995 年以后组态软件在国内的应用逐渐得到了普及。

下面对几种组态软件分别进行介绍。

1）InTouch：Wonderware 的 InTouch 软件是最早进入我国的组态软件。在 20 世纪 80 年代末、90 年代初，基于 Windows 3.1 的 InTouch 软件曾让我们耳目一新，并且 InTouch 提供了丰富的图库。但是，早期的 InTouch 软件采用 DDE 方式与驱动程序通讯，性能较差，最新的 InTouch 7.0 版已经完全基于 32 位的 Windows 平台，并且提供了 OPC 支持。

2）Fix：美国 Intellution 公司以 Fix 组态软件起家，1995 年被爱默生收购，现在是爱默生集团的全资子公司，Fix6.x 软件提供工控人员熟悉的概念和操作界面，并提供完备的驱动程序（需单独购买）。Intellution 将自己最新的产品系列命名为 Ifix，在 Ifix 中，Intellution 提供了强大的组态功能，但新版本与以往的 6.x 版本并不完全兼容。原有的 Script 语言改为 VBA（Visual Basic for Application），并且在内部集成了微软的 VBA 开发环境。遗憾的是，Intellution 并没有提供 6.1 版脚本语言到 VBA 的转换工具。在 Ifix 中，Intellution 的产品与 Microsoft 的操作系统、网络进行了紧密的集成。Intellution 也是 OPC（Ole for Process Control）组织的发起成员之一。Ifix 的 OPC 组件和驱动程序同样需要单独购买。

3）Citech：CIT 公司的 Citech 也是较早进入中国市场的产品。Citech 具有简洁的操作方式，但其操作方式更多的是面向程序员，而不是工控用户。Citech 提供了类似 C 语言的脚本语言进行二次开发，但与 Ifix 不同的是，Citech 的脚本语言并非是面向对象的，而是类似于 C 语言，这无疑为用户进行二次开发增加了难度。

4）WinCC：西门子的 WinCC 也是一套完备的组态开发环境，Simens 提供类似 C 语言的脚本，包括一个调试环境。WinCC 内嵌 OPC 支持，并可对分布式系统进行组态。但 WinCC 的结构较复杂，用户最好经过 Simens 的培训以掌握 WinCC 的应用。

5）组态王：组态王是国内第一家较有影响的组态软件开发公司（更早的品牌多数已经湮灭）。组态王提供了资源管理器式的操作主界面，并且提供了以汉字作为关键字的脚本语言支持。组态王也提供多种硬件驱动程序。

6）力控：大庆三维公司的力控是国内较早就已经出现的组态软件之一。随着 Windows 3.1 的流行，又开发出了 16 位 Windows 版的力控。但直至 Windows 95 版本的力控诞生之前，它主要用于公司内部的一些项目。32 位下的 1.0 版的力控，在体系结构上就已经具备了较为明显的先进性，其最大的特征之一就是其基于真正意义的分布式实时数据库的三层结构，而且其实时数据库结构为组态的活结构。在 1999～2000 年期间，力控得到了长足的发展，最新推出的 2.0 版在功能的丰富特性、易用性、开放性和 I/O 驱动数量，都得到了很大的提高。

三、组态软件的发展方向

目前看到的所有组态软件都能完成类似的功能：几乎所有运行于 32 位 Windows 平台的组态软件都采用类似资源浏览器的窗口结构，并且对工业控制系统中的各种资源（设备、标签量、画面等）进行配置和编辑；都提供多种数据驱动程序；都使用脚本语言提供二次开发的功能等。但是，从技术上说，各种组态软件提供实现这些功能的方法却各不相同。从这些不同之处，以及 PC 技术发展的趋势，可以看出组态软件未来发展的方向。

1）数据采集的方式

大多数组态软件提供了多种数据采集程序，用户可以自行进行配置。然而在这种情况下，驱动程序只能由组态软件的开发商提供，或者由用户按照某种组态软件的接口规范编写，这对用户提出了过高的要求。由 OPC 基金组织提出的 OPC 规范基于微软的 OLE/DCOM 技术，提供了在分布式系统下，软件组件交互和共享数据的完整的解决方案。在支持 OPC 的系统中，数据的提供者作为服务器（Server），数据请求者作为客户（Client），服务器和客户之间通过 DCOM 接口进行通讯，而无需知道对方内部实现的细节。由于 COM 技术是在二进制代码级实现的，所以服务器和客户可以由不同的厂商提供。

在实际应用中，作为服务器的数据采集程序往往由硬件设备制造商随硬件提供，可以发挥硬件的全部效能，而作为客户的组态软件可以通过 OPC 与各厂家的驱动程序无缝连接，故从根本上解决了以前采用专用格式驱动程序总是滞后于硬件更新的问题。同时，组态软件同样可以作为服务器为其他的应用系统（如 MIS 等）提供数据。OPC 现在已经得到了包括 Intellution、Simens、GE、ABB 等国外知名厂商的支持。随着支持 OPC 的组态软件和硬件设备的普及，使用 PC 进行数据采集已成为组态中合理的选择。

2）脚本的功能

脚本语言是扩充组态系统功能的重要手段。因此，大多数组态软件提供了脚本语言的支持。具体的实现方式可分为三种：一是内置的类 C/Basic 语言；二是采用微软的 VBA 的编程语言；三是有少数组态软件采用面向对象的脚本语言。类 C/Basic 语言要求用户使用类似高级语言的语句书写脚本，使用系统提供的函数调用组合完成各种系统功能。应该指明的是，多数采用这种方式的国内组态软件，对脚本的支持并不完善，许多组态软件只提供 IF…THEN…ELSE 的语句结构，不提供循环控制语句，为书写脚本程序带来了一定的困难。

微软的 VBA 是一种相对完备的开发环境，采用 VBA 的组态软件通常使用微软的 VBA 环境和组件技术，把组态系统中的对象以组件方式实现，使用 VBA 的程序对这些对象进行访问。由于 Visual Basic 是解释执行的，所以 VBA 程序的一些语法错误可能到执行时才能发现。而面向对象的脚本语言提供了对象访问机制，对系统中的对象可以通过其属性和方法进行访问，比较容易学习、掌握和扩展，但实现比较复杂。

3）组态环境的可扩展性

可扩展性为用户提供了在不改变原有系统的情况下，向系统内增加新功能的能力，这种增加的功能可能来自于组态软件开发商、第三方软件提供商或用户自身。增加功能最常用的手段是 ActiveX 组件的应用，目前还只有少数组态软件能提供完备的 ActiveX 组件引入功能及实现引入对象在脚本语言中的访问。

4）组态软件的开放性

随着管理信息系统和计算机集成制造系统的普及，生产现场数据的应用已经不仅仅局限于数据采集和监控。在生产制造过程中，需要现场的大量数据进行流程分析和过程控制，以实现对生产流程的调整和优化。现有的组态软件对大部分这些方面需求还只能以报表的形式提供，或者通过 ODBC 将数据导出到外部数据库，以供其他的业务系统调用，在绝大多数情况下，仍然需要进行再开发才能实现。随着生产决策活动对信息需求的增加，可以预见，组态软件与管理信息系统或领导信息系统的集成必将更加紧密，并很可能以实现数据分析与决策功能的模块形式在组态软件中出现。

5）对 Internet 的支持程度

现代企业的生产已经趋向国际化、分布式的生产方式。Internet 将是实现分布式生产的基础。

6）组态软件的控制功能

随着以工业 PC 为核心的自动控制集成系统技术的日趋完善和工程技术人员的使用组态软件水平的不断提高，用户对组态软件的要求已不像过去那样主要侧重于画面，而是要考虑一些实质性的应用功能，如软件 PLC，先进过程控制策略等。经典控制理论为基础的控制方案已经不能适应企业提出的高柔性、高效益的要求，以多变量预测控制为代表的先进控制策略的提出和成功应用之后，先进过程控制受到了过程工业界的普遍关注。

先进过程控制（Advanced Process Control，APC）是指一类在动态环境中，基于模型、充分借助计算机能力，为工厂获得最大理论而实施的运行和控制策略。先进控制策略主要有：双重控制及阀位控制、纯滞后补偿控制、解耦控制、自适应控制、差拍控制、状态反馈控制、多变量预测控制、推理控制及软测量技术、智能控制（专家控制、模糊控制和神经网络控制）等，尤其智能控制已成为开发和应用的热点。目前，国内许多大企业纷纷投资，在装置自动化系统中实施先进控制。国外许多控制软件公司和 DCS 厂商都在竞相开发先进控制和优化控制的工程软件包。从上可以看出能嵌入先进控制和优化控制策略的组态软件必将受到用户的极大欢迎。

【任务实施】

一、组态王对计算机系统的要求

1. CPU：奔腾四处理器，主频 1G 以上或相当型号的计算机处理器。
2. 内存：最少 128MB，推荐 256MB。使用 WEB 功能或 2000 点以上推荐 512M。
3. 显示器：VGA、SVGA 或支持桌面操作系统的任何图形适配器。要求最少显示 256 色。
4. 通讯：支持 RS-232C 通讯协议。
5. 支持并行口或 USB 口：用于接入组态王加密锁。
6. 操作系统：Win2000（sp4）/WinXP（sp2）简体中文版。

简而言之，目前市面上流行的机型完全能够满足"组态王"的运行要求。

"组态王 6.55"软件存于一张光盘上。光盘上的 Install.exe 安装程序会自动运行，启动组态王安装过程向导。

二、"组态王"的安装步骤

第一步：启动计算机系统。

第二步：在光盘驱动器中插入"组态王"软件的安装盘，系统会自动启动 Install.exe 安装程序，如图 1.1.1 所示，只要按照提示单击"下一步"安装即可。

图 1.1.1　启动组态王安装程序

该安装界面左侧有一列按钮，将鼠标移动到按钮各个位置上时，会在右边图片位置上显示各按钮中安装内容提示。如图 1.1.1 所示，左边各个按钮作用分别为：

"安装阅读"按钮：安装前阅读，用户可以获取到关于版本更新信息、授权信息、服务和支持信息等。

"安装组态王程序"按钮：在这台机器上安装组态王 6.55 版本人机界面程序组。

"安装组态王驱动程序"按钮：在这台机器上安装组态王 6.55 版本 IO 设备驱动程序。

"安装加密锁驱动程序"按钮：在这台机器上安装组态王 6.55 版本授权加密锁驱动程序。

"退出"按钮：退出安装程序。

安装结束时，会弹出如图 1.1.2 所示的对话框。在该对话框中有两个选项：

1）安装组态王驱动程序：选中该项，单击"完成"按钮系统会自动按照组态王的安装路径安装组态王的 IO 设备驱动程序；如果不选该项单击结束，可以以后再安装设备驱动程序。

2）安装加密锁驱动程序：选择该项，单击"完成"按钮后系统会自动启动加密锁驱动安装程序。安装加密锁驱动程序可使组态王与打印机有更好的兼容性；对加密锁也有更好的保护作用。如果不选择上述两项，单击"完成"按钮后，系统弹出"重启计算机"。

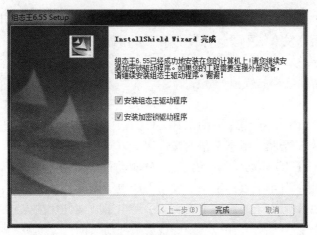

图 1.1.2　安装结束

　　为了使系统能够更好地正常运行，这里我们选择上面两项驱动程序，在安装驱动程序后重新启动计算机。

　　安装完"组态王"之后，在系统"开始"菜单"程序"中生成名称为"组态王 6.55"的程序组，如图 1.1.3 所示。该程序组中包括三个文件夹和四个文件的快捷方式，内容如下：

图 1.1.3　"开始"菜单

　　组态王 6.55：组态王工程管理器程序（ProjManager）的快捷方式，用于新建工程、工程管理等；

　　工程浏览器：组态王单个工程管理程序的快捷方式，内嵌组态王画面开发系统（TouchExplorer），即组态王开发系统；

　　信息窗口：组态王信息窗口程序（KingMess）的快捷方式；

　　运行系统：组态王运行系统程序（TouchVew）的快捷方式。工程浏览器（TouchExplorer）

和运行系统（TouchVew）是各自独立的 Windows 应用程序，均可单独使用；两者又相互依存，在工程浏览器的画面开发系统中设计开发的画面应用程序必须在画面运行系统（TouchVew）运行环境中才能运行；

帮助：组态王帮助文档的快捷方式；

电子手册：组态王用户手册电子文档的快捷方式；

安装工具\安装新驱动：安装新驱动工具文件的快捷方式；

组态王文档\组态王帮助：组态王帮助文件快捷方式；

组态王文档\组态王 IO 驱动帮助：组态王 IO 驱动程序帮助文件快捷方式；

组态王文档\使用手册电子版：组态王使用手册电子版文件快捷方式；

组态王文档\函数手册电子版：组态王函数手册电子版文件快捷方式；

组态王在线\在线会员注册：亚控网站在线会员注册页面；

组态王在线\技术 BBS：亚控网站技术 BBS 页面；

组态王在线\IO 驱动在线：亚控网站 IO 驱动下载页面。

除了从程序组中可以打开组态王程序，安装完组态王后，在系统桌面上也会生成组态王工程管理器的快捷方式，名称为"组态王 6.55"。

【任务检查与评价】

1．结合学生完成的情况进行点评并给出考核成绩。

2．展示学生优秀设计方案和程序，激发学生的学习热情。

任务二　建立矩形液面上升监控系统

【任务描述】

设计矩形液面上升的监控系统工程。

【相关知识】

一、组态王 6.55 的版本类型

（1）开发版

有 64 点、128 点、256 点、512 点、1024 点、不限点六种规格。内置编程语言，支持网络功能，内置高速历史库，内置 WEB 浏览功能，支持运行环境在线运行 6 小时。

（2）运行版

有 64 点、128 点、256 点、512 点、1024 点、不限点六种规格。支持网络功能，可选用通讯驱动程序。

（3）NetView

有 512 点、不限点两种规格。支持网络功能，不可选用通讯驱动程序。

（4）For Internet 应用（WEB 版）

有 5 用户、10 用户、20 用户、50 用户、无限用户五种规格。组态王普通版本无该功能。

（5）演示版

支持 64 点，内置编程语言，开发和运行时环境可在线运行 2 小时，可选用通讯驱动程序，支持 WEB 功能，1 用户，每次 10 分钟 WEB 浏览。

二、IO 设备

组态王把那些需要与之交换数据的设备或程序都作为外部设备。外部设备包括：下位机（PLC、仪表、模块、板卡、变频器等），它们一般通过串行口和上位机交换数据；其他 Windows 应用程序，它们之间一般通过 DDE 交换数据；外部设备还包括网络上的其他计算机。

定义了外部设备之后，组态王就能通过 I/O 变量和它们交换数据。为方便定义外部设备，组态王设计了"设备配置向导"，引导用户一步步完成设备的连接。本例中使用仿真 PLC 和组态王通讯，仿真 PLC 可以模拟 PLC 为组态王提供数据，假设仿真 PLC 连接在计算机的 COM1 口。

三、动画连接

定义动画连接是指在画面的图形对象与数据库的数据变量之间建立一种关系，当变量的值改变时，在画面上以图形对象的动画效果表示出来；或者由软件使用者通过图形对象改变数据变量的值。"组态王"提供了 21 种动画连接方式。一个图形对象可以同时定义多个连接，组合成复杂的效果，以便满足实际中任意的动画显示需要。

四、数据库

数据库是"组态王"软件的核心部分，工业现场的生产状况要以动画的形式反映在屏幕上，操作者在计算机前发布的指令也要迅速送达生产现场，所有这一切都是以实时数据库为中介环节，所以说数据库是联系上位机和下位机的桥梁。在 TouchVew 运行时，它含有全部数据变量的当前值。变量在画面制作系统组态王画面开发系统中定义，定义时要指定变量名和变量类型，某些类型的变量还需要一些附加信息。数据库中变量的集合形象地称为"数据词典"，数据词典记录了所有用户可使用的数据变量的详细信息。

【任务实施】

一、设计矩形液面上升的监控系统工程

建立新组态王工程的一般过程是：

（1）设计图形界面（定义画面）

（2）定义设备

（3）构造数据库（定义变量）

（4）建立动画连接

（5）运行和调试

需要说明的是，这五个步骤并不是完全独立的，事实上，前四个部分常常是交错进行的。在用组态王画面开发系统编制工程时，要依照此过程考虑三个方面：

（1）图形

用户希望怎样的图形画面？也就是怎样用抽象的图形画面来模拟实际的工业现场和相应的工控设备。

（2）数据

怎样用数据来描述工控对象的各种属性？也就是创建一个具体的数据库，此数据库中的变量反映了工控对象的各种属性，比如温度，压力等。

（3）连接

数据和图形画面中的图素的连接关系是什么？也就是画面上的图素以怎样的动画来模拟现场设备的运行，以及怎样让操作者输入控制设备的指令。

二、创建工程路径

启动"组态王"工程管理器（ProjManager），选择菜单"文件\新建工程"或单击"新建"按钮，弹出"新建工程向导之一"对话框，如图 1.2.1 所示。

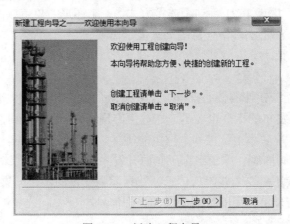

图 1.2.1　新建工程向导一

单击"下一步"继续。弹出"新建工程向导之二"对话框，如图 1.2.2 所示。在工程路径文本框中输入一个有效的工程路径，或单击"浏览…"按钮，在弹出的路径选择对话框中选择一个有效的路径。

单击"下一步"按钮继续。弹出"新建工程向导之三"对话框，如图1.2.3所示。在"工程名称"文本框中输入工程的名称，该工程名称同时将被作为当前工程的路径名称。在"工程描述"文本框中输入对该工程的描述文字。工程名称长度应小于32个字符，工程描述长度应小于40个字符。

图1.2.2　新建工程向导二　　　　　　　　图1.2.3　新建工程向导三

单击"完成"按钮完成工程的新建，如图1.2.4所示默认其为当前工程，并标注红旗。

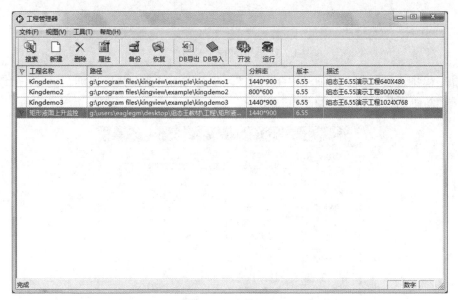

图1.2.4　当前工程

三、创建组态画面

进入组态王开发系统后，就可以为每个工程建立数目不限的画面。"组态王"采用面向对象的编程技术,使用户可以方便地建立画面的图形界面。用户构图时可以像搭积木那样利用系统提供的图形对象完成画面的生成。同时支持画面之间的图形对象拷贝,可重复使用以前的开发结果。

1) 鼠标左键双击矩形液面上升监控系统,进入新建的组态王工程,如图 1.2.5 所示。

图 1.2.5　矩形液面上升监控系统

选择工程浏览器左侧大纲项"文件\画面",在工程浏览器右侧用鼠标左键双击"新建"图标,弹出"新画面"对话框,如图 1.2.6 所示。

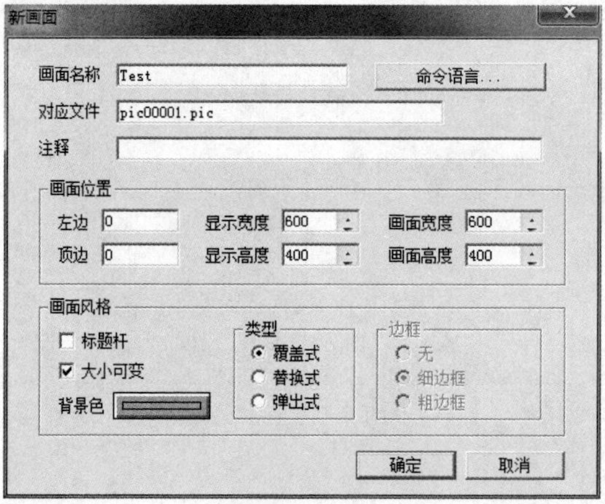

图 1.2.6　新画面

2）在"画面名称"处输入新的画面名称，如 Test，其他属性目前不用更改。单击"确定"按钮进入内嵌的组态王画面开发系统，如图 1.2.7 所示。

图 1.2.7　组态王开发系统

在组态王开发系统中从"工具箱"中分别选择"矩形"和"文本"图标，绘制一个矩形对象和一个文本对象，如图 1.2.8 所示。在工具箱中选中"圆角矩形"，拖动鼠标在画面上画一矩形。用鼠标在工具箱中单击"显示画刷类型"和"显示调色板"。在弹出的"过渡色类型"窗口单击第二行第四个过渡色类型；在"调色板"窗口单击第一行第二个"填充色"按钮，从下面的色块中选取红色作为填充色，然后单击第一行第三个"背景色"按钮，从下面的色块中选取黑色作为背景色。此时就构造好了一个使用过渡色填充的矩形图形对象。

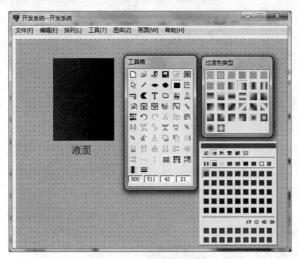

图 1.2.8　创建图形画面

在工具箱中选中"文本",此时鼠标变成"I"形状,在画面上单击鼠标左键,输入"液面"二字。

选择"文件\全部存"命令保存现有画面。

四、定义 I/O 设备

选择工程浏览器左侧大纲项"设备\COM1",在工程浏览器右侧用鼠标左键双击"新建"图标,运行"设备配置向导"对话框,如图 1.2.9 所示。

图 1.2.9　设备配置向导一

选择"仿真 PLC"的"COM"项,单击"下一步"按钮,弹出"设备配置向导"对话框,如图 1.2.10 所示。

为外部设备取一个名称,输入 PLC,单击"下一步"按钮,弹出"设备配置向导"对话框,如图 1.2.11 所示。

为设备选择连接串口,类型为 COM1,单击"下一步"按钮,弹出"设备配置向导"对话框,如图 1.2.12 所示。

填写设备地址,定义为 0,单击"下一步"按钮,弹出"通讯参数"对话框,如图 1.2.13 所示。

设置通讯故障恢复参数(一般情况下使用系统默认设置即可),单击"下一步"按钮,弹出"设备配置向导"对话框,如图 1.2.14 所示。

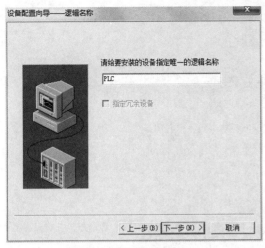

图 1.2.10　设备配置向导二

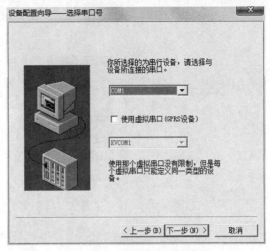

图 1.2.11　设备配置向导三

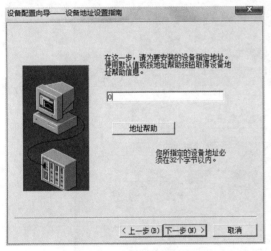

图 1.2.12　设备配置向导四

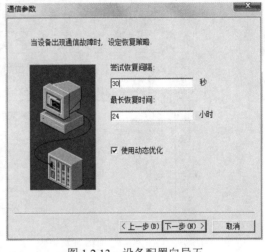

图 1.2.13　设备配置向导五

　　检查各项设置是否正确，确认无误后，单击"完成"按钮。

　　设备定义完成后，可以在工程浏览器的右侧看到新建的外部设备"PLC"。在定义数据库变量时，只要把 I/O 变量连接到这台设备上，它就可以和组态王交换数据了。

五、构造数据库

　　选择工程浏览器左侧大纲项"数据库\数据词典"，在工程浏览器右侧用鼠标左键双击"新建"图标，弹出"定义变量"对话框，如图 1.2.15 所示。此对话框可以对数据变量完成定义、修改等操作，以及数据库的管理工作。

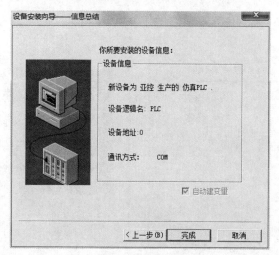

图 1.2.14　设备配置向导六

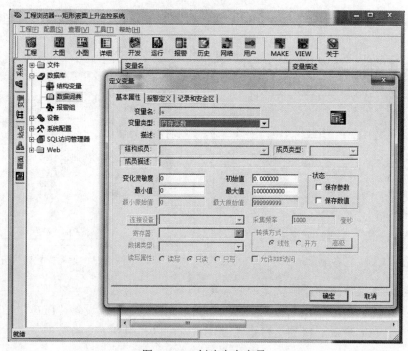

图 1.2.15　创建内存变量

在"变量名"处输入变量名 a；在"变量类型"处选择变量类型内存实数，其他属性目前不用更改，单击"确定"按钮即可。

继续定义一个 I/O 变量，如图 1.2.16 所示。在"变量名"处输入变量名 b；在"变量类型"处选择变量类型 I/O 整数；在"连接设备"中选择先前定义好的 I/O 设备：PLC；在"寄存器"

中定义为：INCREA100；在"数据类型"中定义为：SHORT 类型。其他属性目前不用更改，单击"确定"按钮即可。

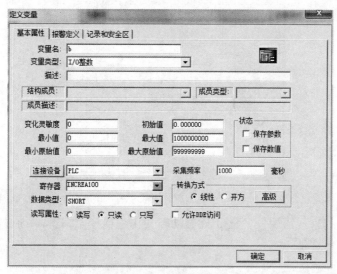

图 1.2.16　创建 I/O 变量

六、建立动画连接

双击图形对象"矩形"，可弹出"动画连接"对话框，如图 1.2.17 所示。

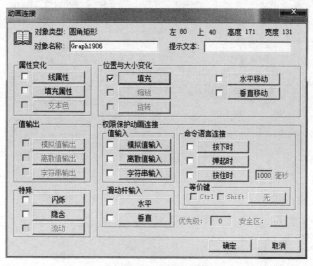

图 1.2.17　动画连接

单击"填充"按钮，弹出如图 1.2.18 所示对话框。在"表达式"处输入"a"，"缺省填充画刷"的颜色改为黄色，其余属性目前不用更改，单击"确定"按钮。

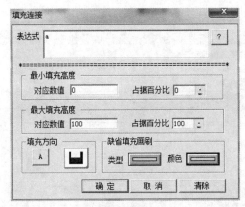

图 1.2.18　填充连接

　　为了让矩形动起来，需要使变量 a 能够动态变化，选择"编辑\画面属性"菜单命令，弹出如图 1.2.19 所示对话框。

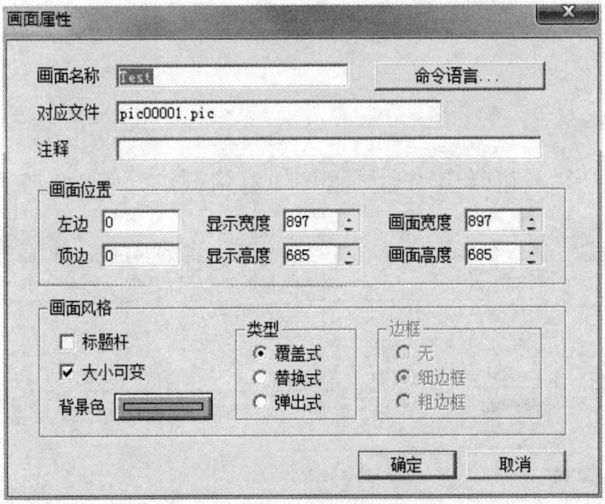

图 1.2.19　画面属性

　　单击"命令语言..."按钮，弹出"画面命令语言"对话框，如图 1.2.20 所示。
　　在编辑框出输入命令语言：

```
if(a<100)
a=a+10;
else
a=0;
```

可将"每 3000 毫秒"改为"每 500 毫秒"，此为画面执行命令语言的执行周期。单击"确认"及"确定"按钮回到开发系统。

图 1.2.20　画面命令语言

双击文本对象"液面"，可弹出"动画连接"对话框，如图 1.2.21 所示。

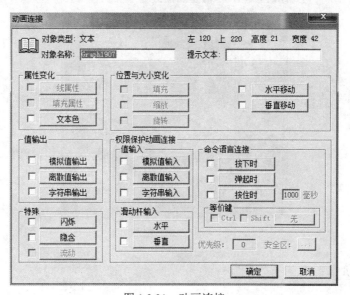

图 1.2.21　动画连接

单击"模拟值输出"按钮，弹出如图 1.2.22 所示对话框。在"表达式"处输入"b"，其余属性目前不用更改。单击"确定"按钮，再单击"确定"按钮返回组态王开发系统。选择"文件\全部存"菜单命令。

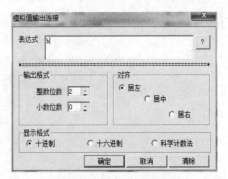

图 1.2.22　模拟值输出连接

七、运行和调试

液面上升监控工程已经初步建立起来，进入到运行和调试阶段。在组态王开发系统中选择"文件\切换到 View"菜单命令，进入组态王运行系统。在运行系统中选择"画面\打开"命令，从"打开画面"窗口选择"Test"画面。显示出组态王运行系统画面，即可看到矩形框和文本在动态变化，如图 1.2.23 所示。

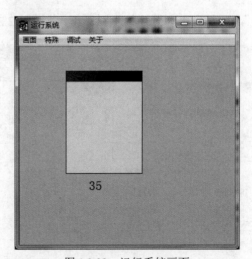

图 1.2.23　运行系统画面

【任务检查与评价】

1. 结合学生完成的情况进行点评并给出考核成绩。
2. 展示学生优秀设计方案和程序，激发学生的学习热情。

2

多液体混合监控系统设计

【项目导读】

任务一　多液体混合监控系统的画面构建

原料罐、催化剂罐、成品罐、阀门、管道、模拟水流及各显示数据的绘制。

任务二　各变量、动画连接的设置

定义仿真PLC，将各对象进行定义变量、动画连接及命令语言的编写。

任务三　趋势曲线、报表、报警系统的建立

建立趋势曲线、报表、报警系统。

【学习目标】

熟悉工程建立的一般步骤，熟悉对象的动画连接及命令语言的编写及趋势曲线、报表、报警系统的建立。

【建议课时】

20学时。

任务一　多液体混合监控系统的画面构建

【任务描述】

监控系统构建的第一步。

【相关知识】

从本任务开始，您将建立一个反应车间的监控中心。如图 2.1.1 所示。

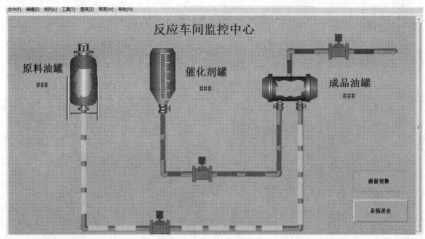

图 2.1.1　监控中心

监控中心从现场采集生产数据，并以动画形式直观地显示在监控画面上；监控画面还将显示实时趋势曲线和报警信息，并提供历史数据查询的功能，最后完成一个数据统计的报表。

一、使用工程管理器

打开工程浏览器。工程管理器界面简洁友好，易学易用。界面从上至下大致分为三个部分，如图 2.1.2 所示。

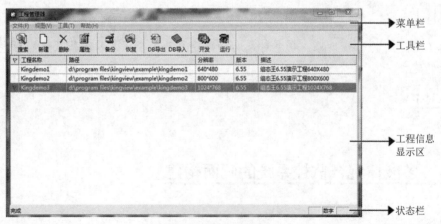

图 2.1.2　工程管理器

下面将对工程管理器的菜单栏功能进行介绍。

二、文件菜单

单击"文件(F)"菜单，或按下 ALT+F 键，弹出下拉式菜单，如图 2.1.3 所示。

图 2.1.3　文件菜单

- 文件(F)\新建工程(N)：该菜单命令为新建一个组态王工程，但此处新建的工程，在实际上并未真正创建工程，只是在用户给定的工程路径下设置了工程信息，当用户将此工程作为当前工程，并且切换到组态王开发环境时才真正创建工程。
- 文件(F)\搜索工程(S)：该菜单命令为搜索用户指定目录下的所有组态王工程（包括不同版本、不同分辨率的工程），将其工程名称、工程所在路径、分辨率、开发工程时用的组态王软件版本、工程描述文本等信息加入到工程管理器中。搜索出的工程包括指定目录和其子目录下的所有工程。
- 文件(F)\添加工程(A)：该菜单命令主要是单独添加一个已经存在的组态王工程，并将其添加到工程管理器中来（与搜索工程不同的是：搜索工程是添加搜索到的指定目录下的所有组态王工程）。
- 文件(F)\设为当前工程(C)：该菜单命令将工程管理器中选中加亮的工程设置为组态王的当前工程。以后进入组态王开发系统或运行系统时，系统将默认打开该工程。被设置为当前工程的工程在工程管理器信息框的表格的第一列中用一个图标（小红旗）来标识。
- 文件(F)\删除工程(D)：该菜单命令将删除在工程管理器信息显示区中当前选中加亮但没有被设置为当前工程的工程。
- 文件(F)\重命名(R)：该菜单命令将当前选中加亮的工程名称进行修改。
- 文件(F)\工程属性(P)：该菜单命令将修改当前选中加亮工程的工程属性。
- 文件(F)\清除工程信息(E)：该菜单命令是将工程管理器中当前选中的高亮显示的工程信息条从工程管理器中清除，不再显示，执行该命令不会删除工程或改变工程。用户可以通过"搜索工程"或"添加工程"重新使该工程信息显示到工程管理器中。
- 文件(F)\退出(X)：退出组态王工程管理器。

三、视图菜单

单击"视图(V)"菜单，或按下 ALT+V 键，弹出下拉式菜单，如图 2.1.4 所示。

- 工具栏(T)：选择是否显示工具栏。
- 状态栏(S)：选择是否显示状态栏。
- 刷新(R)：刷新工程管理器窗口。

四、工具菜单

单击"工具(T)"菜单，或按下 ALT+T 键，弹出下拉式菜单，如图 2.1.5 所示。

图 2.1.4　视图菜单

图 2.1.5　工具菜单

- 工具(T)\工程备份(B)：该菜单命令是将工程管理器中当前选中加亮的工程按照组态王指定的格式进行压缩备份。
- 工具(T)\工程恢复(R)：该菜单命令是将组态王的工程恢复到压缩备份前的状态。
- 工具(T)\数据词典导入(I)：为了使用户更方便地使用、查看、定义或打印组态王的变量，组态王提供了数据词典的导入导出功能。数据词典导入命令是将 Excel 中定义好的数据或将由组态王工程导出的数据词典导入到组态王工程中。该命令常和数据词典导出命令配合使用。
- 工具(T)\数据词典导出(X)：该菜单命令是将组态王的变量导出到Excel格式的文件中，用户可以在 Excel 文件中查看或修改变量的一些属性，或直接在该文件中新建变量并定义其属性，然后导入到工程中。该命令常和数据词典导入命令配合使用。
- 工具(T)\切换到开发系统(E)：执行该命令进入组态王开发系统，同时将自动关闭工程管理器。打开的工程为工程管理器中指定的当前工程（标有当前工程标志的工程）。
- 工具(T)\切换到运行系统(V)：执行该命令进入组态王运行系统，同时将自动关闭工程管理器。打开的工程为工程管理器中指定的当前工程（标有当前工程标志的工程）。

五、工程管理器工具条

组态王工程管理器工具条如图 2.1.6 所示。

图 2.1.6　工程管理器工具条

搜索工程；新建工程；删除工程；修改工程属性；备份工程；恢复工程；导出数据词典；导入数据词典；切换到开发系统；切换到运行系统。

【任务实施】

一、建立新工程

1）组态王提供新建工程向导。利用向导新建工程，使用户操作更简便、简单。单击菜单栏"文件\新建工程"命令或工具条"新建"按钮或快捷菜单"新建工程"命令后，弹出"新建工程向导一"对话框，如图 2.1.7 所示。

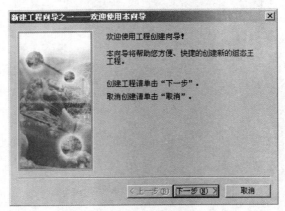

图 2.1.7　新建工程向导一

2）单击"下一步"按钮，弹出"新建工程向导之二"对话框，如图 2.1.8 所示。

图 2.1.8　新建工程向导二

3）单击"浏览…"按钮，选择新建工程的存储路径。在对话框的文本框中输入新建工程的路径，如果输入的路径不存在，系统将自动提示用户。或单击"浏览"按钮，从弹出的路径选择对话框中选择工程路径（可在弹出的路径选择对话框中直接输入路径）。

4）单击"下一步"按钮，弹出"新建工程向导之三"对话框，如图 2.1.9 所示。在"工程名称"文本框中输入新建工程的名称，名称有效长度小于32个字符。在"工程描述"中输入对新建工程的描述文本，描述文本有效长度小于40个字符。

图 2.1.9　新建工程向导三

5）单击"完成"按钮弹出对话框询问是否将该工程设为组态王当前工程，如图 2.1.10所示。

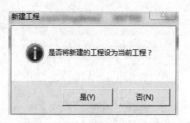

图 2.1.10　新建工程完成向导

6）单击"是"按钮，将新建工程设为组态王当前工程，当您进入运行环境时系统默认运行此工程。

二、监控中心设计画图

双击当前工程进入工程浏览器。组态王工程浏览器的结构如图2.1.11所示。

工程浏览器左侧是"工程目录显示区"，主要展示工程的各个组成部分。主要包括"系统""变量""站点"和"画面"四部分，这四部分的切换是通过工程浏览器最左侧的 Tab 标签实现的。

三、建立新画面

1）在工程浏览器左侧的"工程目录显示区"中选择"画面"选项，在右侧视图中双击"新建"图标，弹出新建画面对话框，新画面及属性设置如图2.1.12所示。

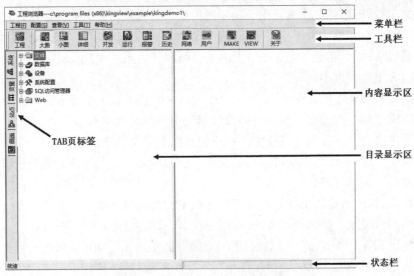

图 2.1.11　工程浏览器界面

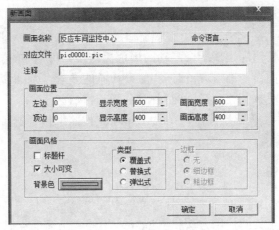

图 2.1.12　建立新画面界面

　　在对话框中可定义画面的名称、大小、位置、风格，及画面在磁盘上对应的文件名。该文件名可由"组态王"自动生成，工程人员可以根据自己的需要进行修改。

● 画面名称：在此编辑框内输入新画面的名称，画面名称最长为 20 个字符。如果在画面风格里选中"标题杆"选项，此名称将出现在新画面的标题栏中。

● 对应文件：此编辑框输入本画面在磁盘上对应的文件名，也可由"组态王"自动生成缺省文件名。工程人员也可根据自己需要输入。对应文件名称最长为 8 个字符。画面文件的扩展名必须为".pic"。

● 注释：此编辑框用于输入与本画面有关的注释信息。注释最长为 49 个字符。

● 画面位置：输入六个数值决定画面显示窗口位置、大小和画面大小。

- 画面风格/标题杆：此选择用于决定画面是否有标题杆。若有标题杆，选中此选项在其前面的小方框中有"√"号显示，开发系统画面标题杆上将显示画面名称。
- 画面风格/大小可变：此选择用于决定画面在开发系统（TouchExplorer）中是否能由工程人员改变大小。

注意：修改画面大小时，如果不按下 Ctrl 键，则画面只改变显示大小，不改变画面本身的大小。如果同时按下 Ctrl 键，则保持画面显示大小与画面被拖动后的大小一致。

- 画面风格类型：在运行系统中，有三种画面类型可供选择。

  "覆盖式"：新画面出现时，它重叠在当前画面之上。关闭新画面后被覆盖的画面又可见；

  "替换式"：新画面出现时，所有与之相交的画面自动从屏幕上和内存中删除，即所有画面被关闭。建议使用"替换式"画面以节约内存；

  "弹出式"："弹出式"画面被打开后，始终显示为当前画面，只有关闭该画面后才能对其他"组态王"画面进行操作。

- 画面风格/边框：画面边框的三种样式，可从中选择一种。只有当"大小可变"选项没被选中时该选项才有效，否则灰色显示无效。
- 画面风格/背景色：此按钮用于改变窗口的背景色，按钮中间是当前缺省的背景色。用鼠标按下此按钮后出现一个浮动的调色板窗口，可从中选择一种颜色。
- 命令语言（画面命令语言）：根据程序设计者的要求，画面命令语言可以在画面显示时执行、隐含时执行或者在画面存在期间定时执行。

2）在对话框中单击"确定"按钮，TouchExplorer 按照您指定的风格产生出一幅名为"反应车间监控中心"的画面。

四、使用图形工具箱

1）如果工具箱没有出现，选择"工具"菜单中的"显示工具箱"按钮或按 F10 键将其打开，工具箱中各种基本工具的使用方法和 Windows 中的"画笔"类似，如图 2.1.13 所示。

2）在工具箱中单击文本工具 T，在画面上输入文字：反应车间监控画面。

3）如果要改变文本的字体，颜色和字号，先选中文本对象，然后在工具箱内选择字体工具 ABC，在弹出的"字体"对话框中修改文本属性。

五、使用图库管理器

1）选择"图库"菜单中"打开图库"命令或按 F2 键打开图库管理器，如图 2.1.14 所示。

2）在图库管理器左侧图库名称列表中选择图库名称"反应

图 2.1.13　工具箱

器"，选中相应罐体后双击鼠标，图库管理器自动关闭，在工程画面上鼠标位置出现一标志，在画面上单击鼠标，该图素就被放置在画面上作为原料油罐并拖动边框到适当的位置，改变其适当大小并利用"T"工具标注此罐为"原料油罐"。重复上述操作，在图库管理器中选择不同的图素，分别作为催化剂和成品油罐，并分别标注为"催化剂罐""成品油罐"。

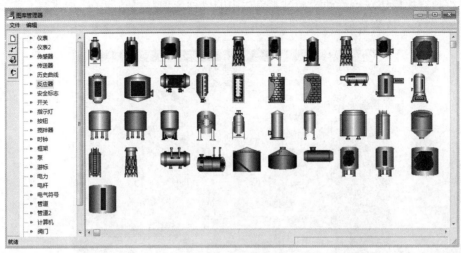

图 2.1.14　图库管理器

3）选择工具箱中的立体管道工具，在画面上鼠标图形变为"+"变状，在适当位置作为立体管道的起始位置，按住鼠标左键移动鼠标到结束位置后双击。则立体管道在画面上显示出来。如果立体管道需要拐弯，只需在折点处单击鼠标，然后继续移动鼠标，就可实现折线形式的立体管道绘制。

4）选中所画的立体管道，在调色板上按下"对象选择按钮区"中"线条色"按钮，在"选色区"中选择某种颜色，则立体管道变为相应的颜色。选中立体管道，在立体管道上，单击右键，在菜单中选择"管道宽度"来修改立体管道的宽度。如图 2.1.15 所示。

图 2.1.15　管道属性

5）打开图库管理器，在阀门图库中选择相应阀门图素，双击后在反应车间监控画面上单击鼠标，则该图素出现在相应的位置，移动到原料油罐之间的立体管道上，并拖动边框改变其大小，在其旁边标注文本："原料油出料阀"，重复以上的操作在画面上添加催化剂出料阀和成品油出料阀。

6）绘制方块模仿水流流动，通过菜单栏中的排列选项，将同向的方块垂直、水平排列，并合成组合图素，放到管道上。如图 2.1.16 所示。

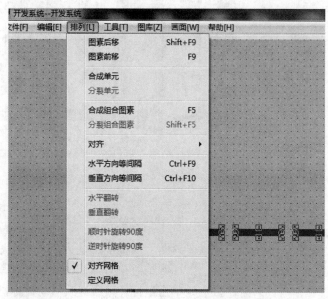

图 2.1.16　对齐排列

7）选择"文件"菜单的"全部存"命令将所完成的画面进行保存。

至此，一个简单的反应车间监控画面就建立起来了。

【任务检查与评价】

1．结合学生完成的情况进行点评并给出考核成绩。

2．展示学生优秀设计方案和程序，激发学生的学习热情。

任务二　各变量、动画连接的设置

【任务描述】

监控系统构建的关键步骤。

【相关知识】

一、外部设备

"组态王"对设备的管理是通过对逻辑设备名的管理实现的，具体讲就是每一个实际 I/O 设备都必须在组态王中指定一个唯一的逻辑名称，此逻辑设备名就对应着该 I/O 设备的生产厂家、实际设备名称、设备通讯方式、设备地址、与上位 PC 机的通讯方式等信息内容，如图 2.2.1 所示。在"组态王"中，具体 I/O 设备与逻辑设备名是一一对应的，有一个 I/O 设备就必须指定一个唯一的逻辑设备名，特别是设备型号完全相同的多台 I/O 设备，也要指定不同的逻辑设备名，图 2.2.2 为逻辑设备与实际设备连接实例。

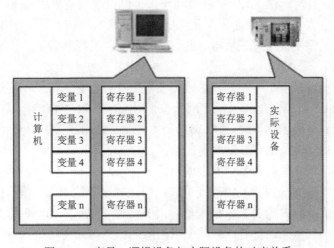

图 2.2.1　变量、逻辑设备与实际设备的对应关系

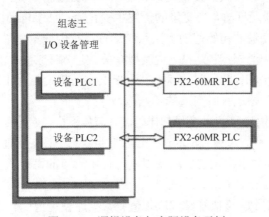

图 2.2.2　逻辑设备与实际设备示例

二、数据变量

"组态王"中的变量及变量参数设置：

- 变量名：唯一标识一个应用程序中数据变量的名字，同一应用程序中的数据变量不能重名，数据变量名区分大小写，最长不能超过 31 个字符。变量名可以是汉字或英文名字，变量名命名时不能与组态王中现有的变量名、函数名、关键字、构件名称等相重复；命名的首字符只能为字符，不能为数字等非法字符，名称中间不允许有空格、算术符号等非法字符存在。

- 变量类型：变量的基本类型共有两类，即 I/O 变量、内存变量。I/O 变量是指可与外部数据采集程序直接进行数据交换的变量。这种数据交换是双向的、动态的，每当 I/O 变量的值改变时，该值就会自动写入下位机或其他应用程序；每当下位机或应用程序中的值改变时，"组态王"系统中的变量值也会自动更新。内存变量是指那些不需要和其他应用程序交换数据、也不需要从下位机得到数据、只在"组态王"内需要的变量。

- 描述：此编辑框用于编辑和显示数据变量的注释信息，最长不超过 39 个字符。

- 变化灵敏度：数据类型为模拟量或长整型时此项有效。只有当该数据变量的值变化幅度超过"变化灵敏度"时，"组态王"才更新与之相连接的图素（缺省为 0）。

- 最小值：指该变量值在数据库中的下限。

- 最大值：指该变量值在数据库中的上限。

- 最小原始值：变量为 I/O 模拟变量时，驱动程序中输入原始模拟值的下限。

- 最大原始值：变量为 I/O 模拟变量时，驱动程序中输入原始模拟值的上限。

- 保存参数：在系统运行时，修改变量的域的值（可读可写型），系统自动保存这些参数值，系统退出后，其参数值不会发生变化。当系统再启动时，变量域的参数值为上次系统运行时最后一次的设置值，无需用户再去重新定义。

- 保存数值：系统运行时，当变量的值发生变化后，系统自动保存该值。当系统退出后再次运行时，变量的初始值为上次系统运行过程中变量值最后一次变化的值。

- 初始值：这项内容与所定义的变量类型有关，定义模拟量时出现编辑框可输入一个数值，定义离散量时出现开或关两种选择。定义字符串变量时出现编辑框可输入字符串，它们规定软件开始运行时变量的初始值。

- 连接设备：只对 I/O 类型的变量起作用，只需从下拉式"连接设备"列表框中选择相应的设备即可。此列表框所列出的连接设备名是组态王设备管理中已安装的逻辑设备名。

- 寄存器：指定要与组态王定义的变量进行连接通讯的寄存器变量名，该寄存器与工程人员指定的连接设备有关。

- 转换方式：规定 I/O 模拟量输入原始值到数据库使用值的转换方式。有线性转化、开方转换、和非线性表、累计等转换方式。

- 数据类型：只对 I/O 类型的变量起作用，定义变量对应的寄存器的数据类型，共有 9 种数据类型供用户使用，这 9 种数据类型分别是：

  Bit：1 位；范围是：0 或 1。

  Byte：8 位，1 个字节；范围是 0～255。

  Short，2 个字节；范围是−32 768～32 767。

  Unshort：16 位，2 个字节；范围是 0～65 535。

  BCD：16 位，2 个字节；范围是 0～9 999。

  Long：32 位，4 个字节；范围是−999 999 999～999 999 999。

  LongBCD：32 位，4 个字节；范围是 0～99 999 999。

  Float：32 位，4 个字节；范围是 10E−38～10E38，有效位 7 位。

  String：128 个字符长度。

- 采集频率：用于定义数据变量的采样频率。
- 读写属性：定义数据变量的读写属性，工程人员可根据需要定义变量为"只读"属性、"只写"属性、"读写"属性。

  只读：对于进行采集的变量一般定义属性为只读，其采集频率不能为 0。

  只写：对于只需要进行输出而不需要读回的变量一般定义属性为只写。

  读写：对于需要进行输出控制又需要读回的变量一般定义属性为读写。

- 允许 DDE 访问：组态王用 Com 组件编写的驱动程序与外围设备进行数据交换，为了使工程人员用其他程序对该变量进行访问，可通过选中"允许 DDE 访问"。

【任务实施】

一、定义外部设备和数据变量

（1）定义外部设备

程序在实际运行中是通过 I/O 设备和下位机交换数据的，当程序在调试时，可以使用仿真 I/O 设备模拟下位机向画面程序提供数据，为画面程序的调试提供方便。

组态王提供一个仿真 PLC 设备，用来模拟实际设备向程序提供数据，供用户调试。

1）在组态王工程浏览器的左侧选中"COM1"，在右侧双击"新建"图标弹出"设备配置向导"对话框，如图 2.2.3 所示。

2）选择亚控提供的"仿真 PLC"的"串口"选项后单击"下一步"按钮弹出对话框，如图 2.2.4 所示。

3）为仿真 PLC 设备取一个名称，如"仿真 PLC"，单击"下一步"按钮弹出连接串口对话框，如图 2.2.5 所示。

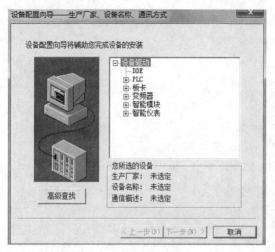

图 2.2.3　设备配置向导一　　　　　图 2.2.4　设备配置向导二

4）为设备选择连接的串口为"COM1"。工程人员为配置的串行设备指定与计算机相连的串口号，该下拉式串口列表框共有 128 个串口号供工程人员选择。单击"下一步"按钮弹出设备地址对话框，如图 2.2.6 所示。

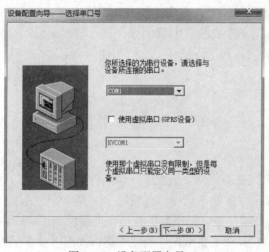

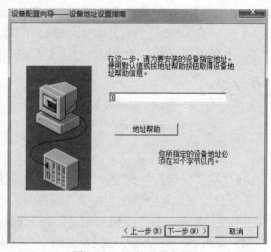

图 2.2.5　设备配置向导三　　　　　图 2.2.6　设备配置向导四

5）填写设备地址为 0。工程人员要为串口设备指定设备地址，该地址应该对应实际设备定义的地址。单击"下一步"按钮，弹出"通信参数"对话框，如图 2.2.7 所示。

6）设置通信故障恢复参数（一般情况下使用系统默认设置即可），单击"下一步"按钮系统弹出"信息总结"对话框，如图 2.2.8 所示。

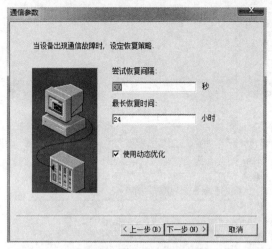

图 2.2.7　设备配置向导五

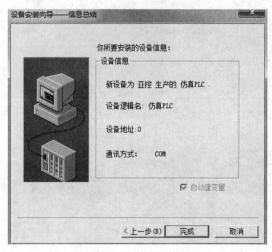

图 2.2.8　设备配置向导六

7）请检查各项设置是否正确，确认无误后，单击"完成"按钮。

（2）定义数据变量

对于我们将要建立的"反应车间监控中心"，需要从下位机采集原料油罐的液位、催化剂罐的液位和成品油罐液位，以及原料油阀、催化剂阀、成品油阀对各个油路上的水流控制，所以需要在数据库中定义这九个变量，如图 2.2.9 所示。

1）在工程浏览器的左侧选择"数据词典"，在右侧双击"新建"图标，弹出"定义变量"对话框，如图 2.2.10 所示。在对话框中添加变量。

🐝 原料罐液位　　　　　　　　　　　　　　内存实型　　21
🐝 催化剂罐液位　　　　　　　　　　　　　内存实型　　22
🐝 成品油罐液位　　　　　　　　　　　　　内存实型　　23
🐝 原料油阀门　　　　　　　　　　　　　　内存离散　　24
🐝 催化剂阀门　　　　　　　　　　　　　　内存离散　　25
🐝 成品油阀门　　　　　　　　　　　　　　内存离散　　26
🐝 原料油控制水流　　　　　　　　　　　　内存实型　　27
🐝 催化剂控制水流　　　　　　　　　　　　内存实型　　28
🐝 成品油控制水流　　　　　　　　　　　　内存实型　　29
🐝 新建...

图 2.2.9　变量设置

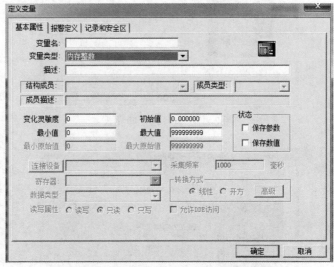

图 2.2.10　"定义变量"对话框

2）九个变量定义。图 2.2.11 为"原料罐液位"的定义。

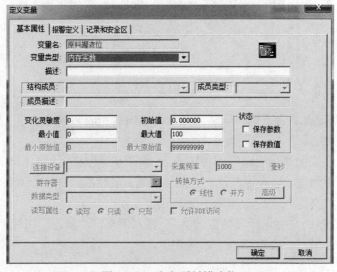

图 2.2.11　定义原料罐液位

3）用类似的方法建立另两个变量"催化剂罐液位"和"成品油罐液位"。

4）此外由于演示工程的需要还须建立三个离散内存变量为："原料油阀门"（如图 2.2.12 所示）"催化剂阀门"及"成品油阀门"。

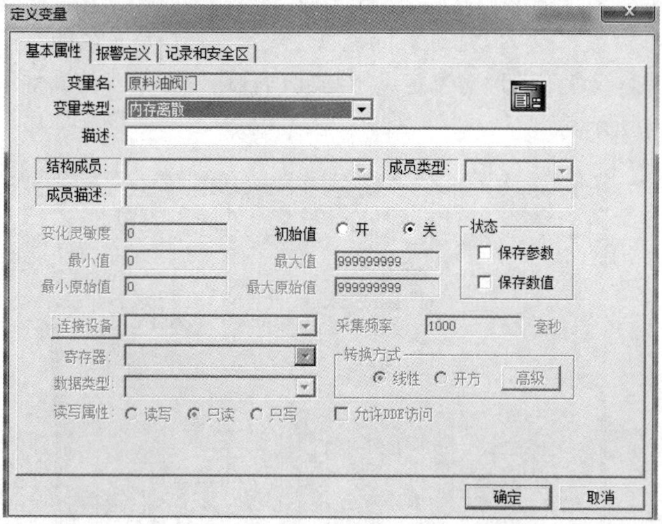

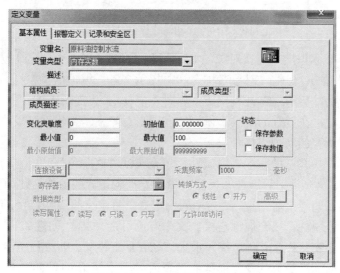

图 2.2.12　定义原料油阀门

图 2.2.13　定义原料油控制水流

5）为使仿真更直观，建立三个控制水流变量："原料油控制水流"（如图 2.2.13 所示）、"催化剂控制水流"及"成品油控制水流"。

二、动画连接

给图形对象定义动画连接是在"动画连接"对话框中进行的。在"组态王"开发系统中双击图形对象（不能有多个图形对象同时被选中），弹出"动画连接"对话框。不同类型的图形对象弹出的对话框大致相同。但是对于特定属性对象，有些是灰色的，表明此动画连接属性不适用于该图形对象，或者该图形对象定义了与此动画连接不兼容的其他动画连接。以圆角矩形为例，如图 2.2.14 所示。

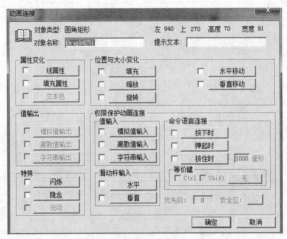

图 2.2.14 "动画连接"对话框

对话框的第一行标识出被连接对象的名称和左上角在画面中的坐标以及图形对象的宽度和高度。对话框的第二行提供"对象名称"和"提示文本"编辑框。"对象名称"是为图素提供的唯一的名称，供以后的程序开发使用，暂时不能使用。"提示文本"的含义为：当图形对象定义了动画连接时，在运行的时候，鼠标放在图形对象上，将出现开发中定义的提示文本。

下面分组介绍所有的动画连接种类。

- 属性变化：共有三种连接（线属性、填充属性、文本色），它们规定了图形对象的颜色、线型、填充类型等属性如何随变量或连接表达式的值的变化而变化。单击任一按钮弹出相应的连接对话框。线类型的图形对象可定义线属性连接，填充形状的图形对象可定义线属性、填充属性连接，文本对象可定义文本色连接。

- 位置与大小变化：这五种连接（水平移动、垂直移动、缩放、旋转、填充）规定了图形对象如何随变量值的变化而改变位置或大小。不是所有的图形对象都能定义这五种连接。

- 值输出：只有文本图形对象能定义三种值输出连接中的某一种。这种连接用来在画面上输出文本图形对象的连接表达式的值。运行时文本字符串将被连接表达式的值所替换，输出的字符串的大小、字体和文本对象相同。

- 值输入：所有的图形对象都可以定义为三种用户输入连接中的一种，输入连接使被连接对象在运行时为触敏对象。当 TouchVew 运行时，触敏对象周围出现反显的矩形框，可由鼠标或键盘选中此触敏对象。按 Space 键、Enter 键或鼠标左键，会弹出输入对话框，可以从键盘键入数据以改变数据库中变量的值。

- 特殊：所有的图形对象都可以定义闪烁、隐含两种连接，这是两种规定图形对象可见性的连接。

- 滑动杆输入：所有的图形对象都可以定义两种滑动杆输入连接中的一种，滑动杆输入连接使被连接对象在运行时为触敏对象。当 TouchVew 运行时，触敏对象周围出现反显的矩形框。鼠标左键拖动有滑动杆输入连接的图形对象可以改变数据库中变量的值。

- 命令语言连接：所有的图形对象都可以定义三种命令语言连接中的一种，命令语言连接使被连接对象在运行时成为触敏对象。当 TouchVew 运行时，触敏对象周围出现反显的矩形框，可由鼠标或键盘选中。按 Space 键、Enter 键或鼠标左键，就会执行定义命令语言连接时用户输入的命令语言程序，按相应按钮弹出连接的命令语言对话框。

- 等价键：设置被连接的图素在被单击执行命令语言时与鼠标操作相同功能的快捷键。

- 优先级：此编辑框用于输入被连接的图形元素的访问优先级级别。

- 安全区：此编辑框用于设置被连接元素的操作安全区。

（1）液位示值动画设置

1）在画面上双击"原料油罐"图形，弹出该对象的"动画连接"对话框，对话框设置如图 2.2.15 所示。

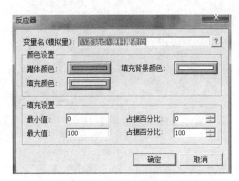

图 2.2.15　原料油罐动画连接

单击"确定"按钮，完成原料油罐的动画连接。

用同样的方法设置"催化剂罐"和"成品油罐"的动画连接，连接变量分别为：\\本站点\催化剂罐液位、\\本站点\成品油罐液位。作为一个实际可用的监控程序，操作者可能需要知道罐液面的准确高度而不仅是形象的表示，这个功能由"模拟值动画连接"来实现。

2）双击文本对象"####"，弹出"动画连接"对话框，在此对话框中选择"模拟量输出"选项弹出"模拟值输出连接"对话框，对话框设置如图 2.2.16 所示。

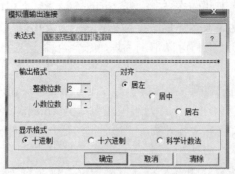

图 2.2.16　模拟值输出连接

单击"确定"按钮完成动画连接的设置。当系统处于运行状态时在文本框"####"中将显示原料油罐的实际液位值。用同样的方法设置"催化剂罐"和"成品油罐"的动画连接，连接变量分别为：\\本站点\催化剂罐液位、\\本站点\成品油罐液位。

（2）阀门动画设置

1）在画面上双击"原料油阀门"图形，弹出该对象的动画连接对话框如图 2.2.17 所示。

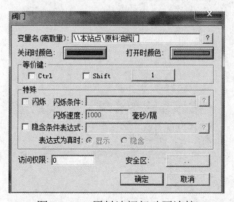

图 2.2.17　原料油阀门动画连接

对话框设置如下：

变量名（离散量）：\\本站点\原料油阀门

关闭时颜色：红色

打开时颜色：绿色

等价值：1

2）单击"确定"按钮后"原料油阀门"动画设置完毕，当系统进入运行环境时鼠标单击此阀门或按下 1 键，其变成绿色，表示阀门已被打开，再次单击关闭阀门，从而达到了控制阀门的目的。

　　3）用同样的方法设置"催化剂阀门"和"成品油阀门"的动画连接，连接变量分别为：\\本站点\催化剂阀门、\\本站点\成品油阀门。

　　（3）液体流动动画设置

　　在画面上双击"控制水流"图形，弹出该对象的动画连接对话框如图 2.2.18 和图 2.2.19 所示。以原料油控制水流为例，控制水流由垂直移动和水平移动两部分。

　　1）垂直移动

　　垂直移动连接使被连接对象在画面中的位置随连接表达式的值垂直移动。移动距离以象素为单位，以被连接对象在画面制作系统中的原始位置为参考基准。垂直移动连接常用来表示对象实际的垂直运动，单击"动画连接"对话框中的"垂直移动"按钮，弹出"垂直移动连接"对话框，如图 2.2.18 所示。

图 2.2.18　原料油控制水流垂直移动动画连接

对话框中各项设置的意义如下。

● 表达式：在此编辑框内输入合法的连接表达式，单击"？"按钮可以查看已定义的变量名和变量域。

● 向上：输入图素在垂直方向向上移动（以被连接对象在画面中的原始位置为参考基准）的距离。

● 最上边：输入与图素处于最上边时相对应的变量值，当连接表达式的值为对应值时，被连接对象的中心点向上（以原始位置为参考基准）移到最上边规定的位置。

● 向下：输入图素在垂直方向向下移动（以被连接对象在画面中的原始位置为参考基准）的距离。

● 最下边：输入与图素处于最下边时相对应的变量值，当连接表达式的值为对应值时，被连接对象的中心点向下（以原始位置为参考基准）移到最下边规定的位置。

　　2）水平移动

　　水平移动连接是使被连接对象在画面中随连接表达式值的改变而水平移动。移动距离以象素为单位，以被连接对象在画面制作系统中的原始位置为参考基准。水平移动连接常用来表示图形对象实际的水平运动。单击"水平移动"按钮，弹出"水平移动连接"对话框，如图 2.2.19 所示。

图 2.2.19　原料油控制水流水平移动动画连接

图 2.2.19"水平移动连接"对话框中各项设置的意义如下。

- 表达式：在此编辑框内输入合法的连接表达式，单击"？"按钮可查看已定义的变量名和变量域。
- 向左：输入图素在水平方向向左移动（以被连接对象在画面中的原始位置为参考基准）的距离。
- 最左边：输入与图素处于最左边时相对应的变量值，当连接表达式的值为对应值时，被连接对象的中心点向左（以原始位置为参考基准）移到最左边规定的位置。
- 向右：输入图素在水平方向向右移动（以被连接对象在画面中的原始位置为参考基准）的距离。
- 最右边：输入与图素处于最右边时相对应的变量值，当连接表达式的值为对应值时，被连接对象的中心点向右（以原始位置为参考基准）移到最右边规定的位置。

三、画面命令语言编写

"组态王"中命令语言是一种在语法上类似 C 语言的程序，工程人员可以利用这些程序来增强应用程序的灵活性、处理一些算法和操作等。命令语言都是靠事件触发执行的，如定时、数据的变化、键盘键的按下、鼠标的单击等。根据事件和功能的不同，包括应用程序命令语言、热键命令语言、事件命令语言、数据改变命令语言、自定义函数命令语言、动画连接命令语言和画面命令语言等。具有完备的词法语法查错功能和丰富的运算符、数学函数、字符串函数、控件函数、SQL 函数和系统函数。各种命令语言通过"命令语言编辑器"编辑输入，在"组态王"运行系统中被编译执行。其中应用程序命令语言、热键命令语言、事件命令语言、数据改变命令语言可以称为"后台命令语言"，它们的执行不受画面打开与否的限制，只要符合条件就可以执行。

画面命令语言就是与画面显示与否有关系的命令语言程序。画面命令语言定义在画面属性中。打开一个画面，选择菜单"编辑/画面属性"，或用鼠标右键单击画面，在弹出的快捷菜单中选择"画面属性"菜单项，或按下 Ctrl+W 键，打开画面属性对话框，在对话框上单击"命令语言…"按钮，弹出画面命令语言编辑器，如图 2.2.20 所示。

画面命令语言分为三个部分：显示时、存在时、隐含时。

- 显示时：打开或激活画面为当前画面，或画面由隐含变为显示时执行一次。

- 存在时：画面在当前显示时，或画面由隐含变为显示时周期性执行，可以定义指定执行周期，在"存在时"中的"每…毫秒"编辑框中输入执行的周期时间。
- 隐含时：画面由当前激活状态变为隐含或被关闭时执行一次。

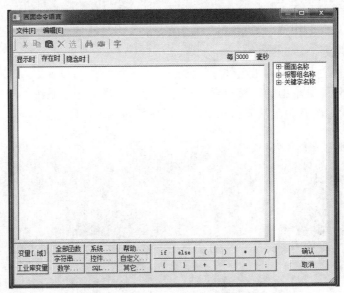

图 2.2.20　画面命令语言编辑器

只有画面被关闭或被其他画面完全遮盖时，画面命令语言才会停止执行。

只与画面相关的命令语言可以写到画面命令语言里，如画面上动画的控制等，不必写到后台命令语言中，如应用程序命令语言等，这样可以减轻后台命令语言的压力，提高系统运行的效率。

（1）画面命令语言编写

1）在对话框中输入如下命令语言：

```
if(\\本站点\原料油阀门==1)
\\本站点\原料罐液位=\\本站点\原料罐液位-1;
\\本站点\原料油控制水流=\\本站点\原料油控制水流+5;
if(\\本站点\催化剂阀门==1)
\\本站点\催化剂罐液位=\\本站点\催化剂罐液位-1;
\\本站点\催化剂控制水流=\\本站点\催化剂控制水流+5;
if(\\本站点\成品油阀门==1)
\\本站点\成品油罐液位=\\本站点\成品油罐液位+2;
\\本站点\成品油控制水流=\\本站点\成品油控制水流+5;
if(\\本站点\原料罐液位==0)
\\本站点\原料罐液位=100;
if(\\本站点\催化剂罐液位==0)
\\本站点\催化剂罐液位=100;
if(\\本站点\成品油罐液位==100)
\\本站点\成品油罐液位=0;
```

```
if(\\本站点\原料油控制水流>30)
\\本站点\原料油控制水流=0;
if(\\本站点\催化剂控制水流>30)
\\本站点\催化剂控制水流=0;
if(\\本站点\成品油控制水流>30)
\\本站点\成品油控制水流=0;
```

2）单击"确认"按钮关闭对话框。上述命令语言当"监控画面"存在时每隔 55ms 执行一次，达到了控制液体流动的目的。

3）单击"文件"菜单中的"全部存"命令，保存您所作的设置。

4）单击"文件"菜单中的"切换到 VIEW"命令，进入运行系统，在画面中可看到液位的变化值并控制阀门的开关，从而达到了监控现场的目的，如图 2.2.21 所示。

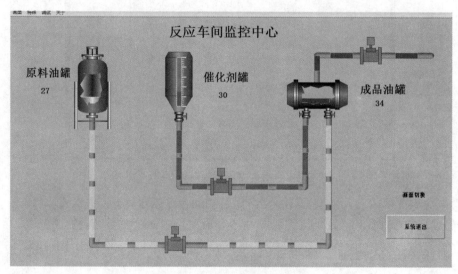

图 2.2.21　监控中心运行画面

至此，反应车间监控画面各部分的动画连接就完成了。

【任务检查与评价】

1．结合学生完成的情况进行点评并给出考核成绩。

2．展示学生优秀设计方案和程序，激发学生的学习热情。

任务三　趋势曲线、报表、报警系统的建立

【任务描述】

为监控系统建立趋势曲线、报表和报警系统。

【相关知识】

一、趋势曲线

趋势分析是控制软件必不可少的功能，"组态王"对该功能提供了强有力的支持和简单的控制方法，趋势曲线有实时趋势曲线和历史趋势曲线两种。

实时趋势曲线对象的中间有一个带有网格的绘图区域，表示曲线将在这个区域中绘出，网格左方和下方分别是 X 轴（时间轴）和 Y 轴（数值轴）的坐标标注。可以通过选中实时趋势曲线对象（周围出现 8 个小矩形）来移动位置或改变大小。在画面运行时实时趋势曲线对象由系统自动更新。

二、报表

数据报表是反应生产过程中的数据、状态等，并对数据进行记录的一种重要形式。是生产过程必不可少的一个部分。它既能反映系统实时的生产情况，也能对长期的生产过程进行统计、分析，使管理人员能够实时掌握和分析生产情况。

"组态王"提供内嵌式报表系统，工程人员可以任意设置报表格式，对报表进行组态。"组态王"为工程人员提供了丰富的报表函数，实现各种运算、数据转换、统计分析、报表打印等。既可以制作实时报表，也可以制作历史报表。组态王还支持运行状态下单元格的输入操作，在运行状态下通过鼠标拖动改变行高、列宽。另外，工程人员还可以制作各种报表模板，实现多次使用，以免重复工作。

三、报警系统

报警是指当系统中某些量的值超过了所规定的界限时，系统自动产生的相应警告信息，表明该量的值已经超限，提醒操作人员。报警允许操作人员应答。事件是指用户对系统的行为、动作。如修改了某个变量的值，用户的登录、注销、站点的启动、退出等。事件不需要操作人员应答。"组态王"中报警和事件的处理方法是：当报警和事件发生时，"组态王"把这些信息存于内存的缓冲区中，当缓冲区达到指定数目或记录定时时间到时，系统自动将报警和事件信息进行记录。

监控系统中，为了方便查看、记录和区别，要将变量产生的报警信息归到不同的组中，即使变量的报警信息属于某个规定的报警组。报警组是按树状组织的结构，缺省时只有一个根节点，缺省名为 RootNode（可以改成其他名字）。可以通过报警组定义对话框为这个结构加入多个节点和子节点，如图 2.3.1 所示。"组态王"中最多可以定义 512 个节点的报警组。

报警组名可以按组处理变量的报警事件，如报警窗口可以按组显示报警事件，记录报警事件也可按组进行，还可以按组对报警事件进行报警确认。

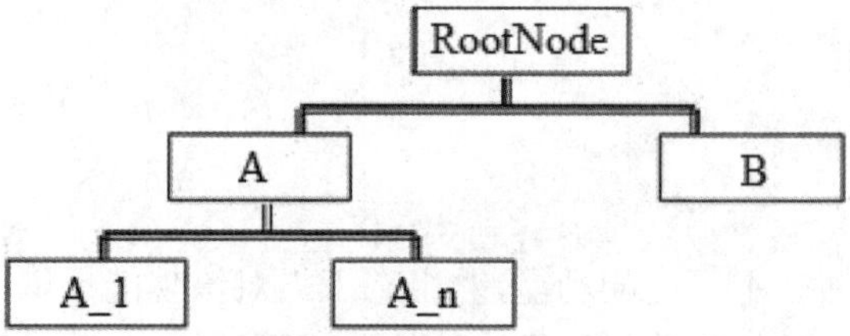

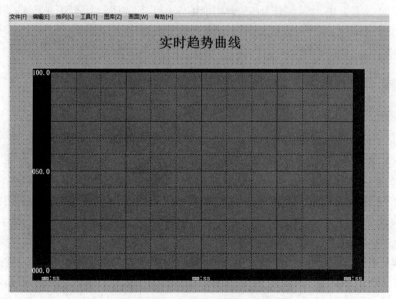

图 2.3.1　报警组结构

【任务实施】

一、趋势曲线绘制

（1）实时趋势曲线

实时趋势曲线定义过程如下。

1）新建一画面，名称为：实时趋势曲线画面。

2）选择工具箱中的"T"工具，在画面上输入文字：实时趋势曲线。

3）选择工具箱中的"实时趋势曲线"工具，此时鼠标在画面中变为"十"字形，在画面中用鼠标画出一个矩形，实时趋势曲线就在这个矩形中绘出，如图 2.3.2 所示。

图 2.3.2　实时趋势曲线

4）双击"实时趋势曲线"对象，弹出"实时趋势曲线"对话框，如图 2.3.3 所示。

实时曲线趋势设置对话框分为两个属性页："曲线定义"属性页、"标识定义"属性页。

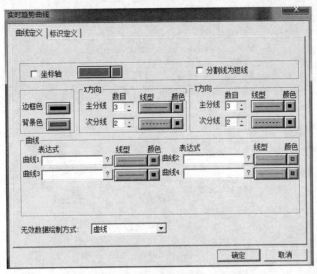

图 2.3.3   "实时趋势曲线"对话框

- "曲线定义"选项卡

坐标轴：目前此项无效。

分割线为短线：选择分割线的类型。选中此项后在坐标轴上只有很短的主分割线，整个图纸区域接近空白状态，没有网格，同时下面的"次分割线"选择项变灰。

边框色、背景色：分别规定绘图区域的边框和背景（底色）的颜色。按动这两个按钮的方法与坐标轴按钮类似，弹出的浮动对话框也与之大致相同，只是没有线型选项。

X 方向、Y 方向：X 方向和 Y 方向的主分割线将绘图区划分成矩形网格，次分割线将再次划分主分割线划分出来的小矩形。这两种线都可改变线型和颜色。分割线的数目可以通过小方框右边"加减"按钮增加或减小，也可通过编辑区直接输入。工程人员可以根据实时趋势曲线的大小决定分割线的数目，分割线最好与标识定义（标注）相对应。

曲线：定义所绘的 1～4 条曲线 Y 坐标对应的表达式，实时趋势曲线可以实时计算表达式的值，所以它可以使用表达式。实时趋势曲线名的编辑框中可输入有效的变量名或表达式，表达式中所用变量必须是数据库中已定义的变量。右边的"？"按钮可列出数据库中已定义的变量或变量域供选择，每条曲线可通过右边的线型和颜色按钮来改变线型和颜色。

单击"曲线 1"编辑框后的按钮，在弹出的"选择变量名"对话框中选择变量"\\本站点\原料油罐液位"，曲线颜色设置为：红色；单击"曲线 2"编辑框后的按钮，在弹出的"选择变量名"对话框中选择变量"\\本站点\催化剂罐液位"，曲线颜色设置为：黄色；单击"曲线3"编辑框后的按钮，在弹出的"选择变量名"对话框中选择变量"\\本站点\成品油油罐液位"，曲线颜色设置为：蓝色。

- "标识定义"选项卡

"标识定义"选项卡如图 2.3.4 所示。

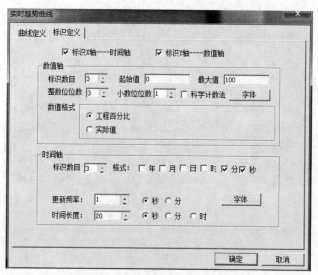

图 2.3.4　"标识定义"选项卡

标识 X 轴（时间轴）、标识 Y 轴（数值轴）：选择是否为 X 或 Y 轴加标识，即在绘图区域的外面用文字标注坐标的数值。如果此项选中，左边的检查框中有小叉标记，同时下面定义相应标识的选择项也由灰变亮。

数值轴（Y 轴）定义区：因为一个实时趋势曲线可以同时显示 4 个变量的变化，而各变量的数值范围可能相差很大，为使每个变量都能表现清楚，"组态王"中规定，变量在 Y 轴上以百分数表示，即以变量值与变量范围（最大值与最小值之差）的比值表示。所以 Y 轴的范围是 0（0%）～1（100%）。

标识数目：数值轴标识的数目，这些标识在数值轴上等间隔。

起始值：规定数值轴起点对应的百分比值，最小为 0。

最大值：规定数值轴终点对应的百分比值，最大为 100。

字体：规定数值轴标识所用的字体。可以弹出 Windows 标准的字体选择对话框，相应的操作工程人员可参阅 Windows 的操作手册。

标识数目：时间轴标识的数目，这些标识在数值轴上等间隔。在组态王开发系统中时间以 yy:mm:dd:hh:mm:ss 的形式表示，在 TouchVew 运行系统中，显示实际的时间，与"组态王"开发系统画面制作程序中的外观和历史趋势曲线不同，两边是一个标识拆成两半，与历史趋势曲线区别。

格式：时间轴标识的格式，选择显示哪些时间量。

更新频率：TouchVew 是自动重绘一次实时趋势曲线的时间间隔。与历史趋势曲线不同，它不需要指定起始值，因为其时间始终在起始时间到当前时间的时间长度之间。

时间长度：时间轴所表示的时间范围。

字体：规定时间轴标识所用的字体。与数值轴的字体选择方法相同。

5）设置完毕后单击"确定"按钮关闭对话框。

6）单击"文件"菜单中的"全部存"命令，保存您所作的设置。

7）单击"文件"菜单中的"切换到 VIEW"命令，进入运行系统，通过运行界面"画面"菜单中的"打开"命令将"实时趋势曲线画面"打开后可看到连接变量的实时趋势曲线，如图 2.3.5 所示。

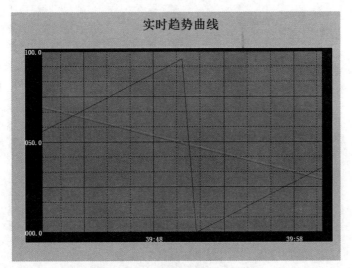

图 2.3.5　实时趋势曲线运行界面

"组态王"提供三种形式的历史趋势曲线：

第一种是从图库中调用已经定义好各功能按钮的历史趋势曲线，对于这种历史趋势曲线，用户只需要定义几个相关变量，适当调整曲线外观即可完成历史趋势曲线的复杂功能，这种形式使用简单方便；该曲线控件最多可以绘制 8 条曲线，但该曲线无法实现曲线打印功能。

第二种是调用历史趋势曲线控件，对于这种历史趋势曲线，功能很强大，使用比较简单。通过该控件，不但可以实现组态王历史数据的曲线绘制，还可以实现 ODBC 数据库中数据记录的曲线绘制，而且在运行状态下，可以实现在线动态增加/删除曲线、曲线图表的无级缩放、曲线的动态比较、曲线的打印等。

第三种是从工具箱中调用历史趋势曲线，对于这种历史趋势曲线，用户需要对曲线的各个操作按钮进行定义，即建立命令语言连接才能操作历史曲线，对于这种形式，用户使用时自主性较强，能做出个性化的历史趋势曲线；该曲线控件最多可以绘制 8 条曲线，该曲线无法实现曲线打印功能。

无论使用哪一种历史趋势曲线，都要进行相关配置，主要包括变量属性配置和历史数据文件存放位置配置。

对于要以历史趋势曲线形式显示的变量，必须设置变量的记录属性，设置过程如下：

1）设置变量的记录属性

①在工程浏览窗口左侧的"工程目录显示区"中选择"数据库"中的"数据词曲"选项中选择变量"\\本站点\油料液位",双击此变量,在弹出的"定义变量"对话框中单击"记录和安全区"属性页,如图 2.3.6 所示。

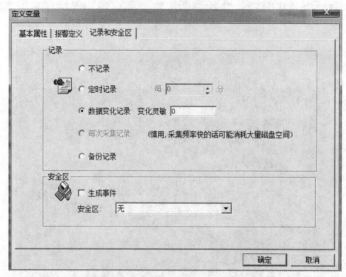

图 2.3.6　变量记录和安全区设置

设置变量,本站点原料油液位的记录类型为:数据变化记录,变化灵敏为 0。

②设置完毕后单击"确定"按钮关闭对话框。

2)定义历史数据文件的存储目录

①在工程浏览器窗口左侧的"工程目录显示区"中双击"系统配置"中的"历史记录"项,弹出"历史库配置"对话框,对话框设置如图 2.3.7 所示。

图 2.3.7　历史库配置

②设置完毕后,单击"确定"按钮关闭对话框。当系统进入运行环境时"历史记录服务器"自动启动,将变量的历史数据以文件的形式存储到当前工程路径下。每个文件中保存了变量 8 小时的历史数据,这些文件将在当前工程路径下保存 10 天。

（2）历史趋势曲线创建过程如下。

1）新建一画面，名称为：历史趋势曲线画面。

2）选择工具箱中的"T"工具，在画面上输入文字：历史趋势曲线。

3）选择工具箱中的"插入通用控件"工具，在画面中插入"通用控件"窗口中的"历史趋势曲线"控件，如图 2.3.8 所示。

图 2.3.8　通用控件窗口

选中此控件，右击鼠标，在下拉菜单中选中"控件属性"命令，弹出控件属性对话框，如图 2.3.9 所示。

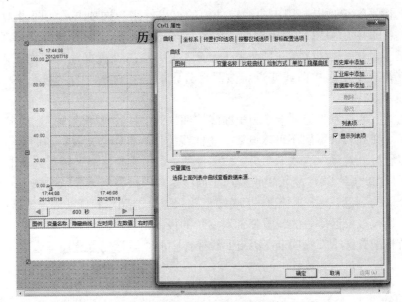

图 2.3.9　历史趋势曲线控件属性

历史趋势曲线属性分为五个选项卡：曲线、坐标系、预置打印选项、报警区域选项和游标配置选项。

- "曲线"选项卡：在此属性页中您可以利用"增加"按钮添加历史曲线变量，并设置曲线的采样间隔（即在历史曲线窗口中绘制一个点的时间间隔）。单击此属性页中的"增加"按钮弹出"增加曲线图"对话框，设置如图 2.3.10 所示。

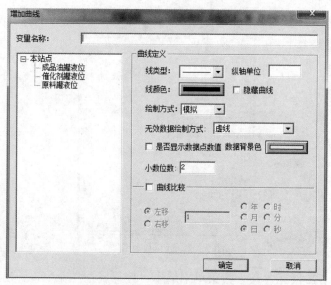

图 2.3.10 "增加曲线"对话框

- "坐标系"选项卡：历史曲线控件中的"坐标系"选项卡，如图 2.3.11 所示。在此属性页中您可以设置历史曲线的显示风格如：历史曲线控件背景颜色、坐标轴的显示风格、数据轴、时间轴的显示格式等。在"数据轴"中如果"按百分比显示"被选中后历史曲线变量将按照百分比的格式显示，否则按照实际历史曲线变量显示。
- "预置打印选项"选项卡：历史曲线控件中的"预置打印选项"选项卡，如图 2.3.12 所示。在此属性页您还可以设置历史曲线控件的打印格式及打印的背景颜色。
- "报警区域选项"选项卡：历史曲线控件中的"报警区域选项"选项卡，如图 2.3.13 所示。在此属性页中您可以设置历史曲线窗口中报警区域显示的颜色，包括：高高限报警区的颜色、高限报警区的颜色、低限报警区的颜色和低低限报警区的颜色显示范围。通过报警区颜色的设置使你对变量的报警情况一目了然。
- "游标配置选项"选项卡：历史曲线控件中的"游标配置选项"选项卡，如图 2.3.14 所示。

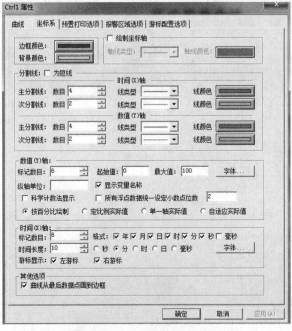

图 2.3.11　"坐标系"选项卡

图 2.3.12　"预置打印选项"选项卡

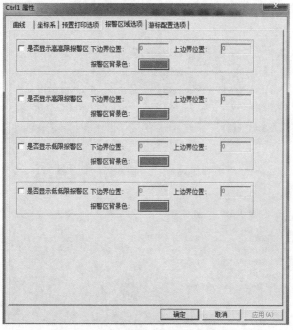

图 2.3.13 "报警区域选项"选项卡

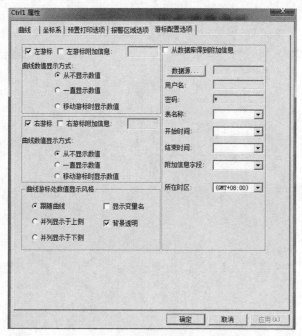

图 2.3.14 "游标配置选项"选项卡

4）单击"确定"按钮完成历史阶段曲线控件编辑工作。

5）单击"文件"菜单中的"全部存"命令，保存您已作的设置

6）单击"文件"菜单中的"切换到 VIEW"命令，进入运行系统。系统默认运行的画面可能不是您刚刚编辑完成的"历史趋势曲线"画面，您可以通过运行界面中"画面"菜单中的"打开"命令将其打开后方可运行，如图 2.3.15 所示。

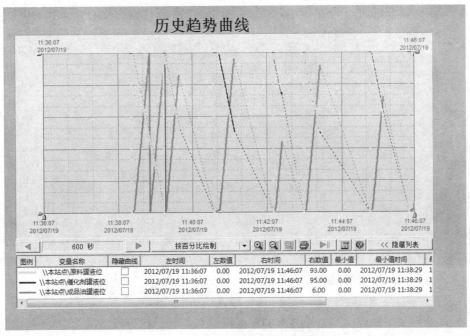

图 2.3.15　历史趋势曲线运行画面

二、报表制作

（1）创建实时数据报表

1）新建一画面，名称为：实时数据报表画面。

2）选择工具箱中的"T"工具，在画面上输入文字：实时数据报表。

3）选择工具箱中的"报表窗口"工具，在画面上绘制一实时数据报表窗口，如图 2.3.16所示。

"报表工具箱"会自动显示出来，双击窗口的灰色部分，弹出"报表设计"对话框，如图 2.3.17 所示。

"报表设计"对话框中各项的含义如下。

● 　报表名称：在"报表控件名"文本框中输入报表的名称，如"Report1"。报表名称不能与"组态王"的任何名称、函数、变量名、关键字相同。

图 2.3.16　报表窗口绘制

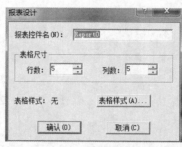

图 2.3.17　"报表设计"对话框

- 表格尺寸：在行数、列数文本框中输入所要制作的报表的大致行列数（在报表组态期间均可以修改）。默认为 5 行 5 列，行数最大值为 2000 行，列数最大值为 52 列。
- 套用报表样式：用户可以直接使用已经定义的报表模板，而不必再重新定义相同的表格样式。对话框设置如下。

报表控件名：Report1　　行数：5　　列数：6

4）输入静态文字：选中 A1 到 F1 的单元格区域，执行"报表工具箱"中的"合并单元格"命令并在合并完成的单元格中输入：实时数据报表演示。利用同样方法输入其他静态文字。

5）插入动态变量：在单元格 B2 中输入：=\\本站点\$日期。变量的输入可以利用"报表工具箱"中的"插入变量"按钮实现。利用同样方法输入其他动态变量，如图 2.3.18 所示。

图 2.3.18　实时数据报表

6）单击"文件"菜单中的"全部存"命令，保存您所作的设置。

7）单击"文件"菜单中的"切换到 VIEW"命令，进入运行系统。运行如图 2.3.19 所示。

实时数据报表

实时数据报表演示			
日期	2012/7/19	时间	16:09:03
原料油液位	86.00	米	
催化剂罐液位	84.00	米	
成品油罐液位	24.00	米	

图 2.3.19　实时数据报表运行图

（2）实时数据报表的存储

实现以当前时间作为文件名将实时数据报表保存到指定文件夹下的操作过程如下。

1）在当前工程路径下建立一文件夹：实时数据文件夹。

2）在"实时数据报表画面"中添加一按钮，按钮文本为：保存实时数据报表。

3）在按钮的"弹起"事件中输入如下命令语言，如图 2.3.20 所示。

图 2.3.20　保存实时数据命令语言

● StrFromReal 函数将一实数值转换成字符串形式，该字符串以浮点数计数制表示或以指数计数制表示。调用格式：MessageResult=StrFromReal(Real,Precision,Type);

参数	描述
Real	根据指定 Precision 和 Type 进行转换，其结果保存在 MessageResult 中。
Precision	指定要显示多少个小数位。
Type	确定显示方式，可为以下字符之一：
"f"	浮点数显示
"e"	按小写"e"的指数制显示。
"E"	按大写"E"的指数制显示。

例如：

StrFromReal(263.355, 2,"f");返回 "263.36"

StrFromReal(263.355, 2,"e");返回 "2.63e2"

StrFromReal(263.55, 3,"E");返回 "2.636E2"

● ReportSaveAs 函数为报表专用函数。将指定报表按照所给的文件名存储到指定目录下，语法格式使用如下：ReportSaveAs(ReportName, FileName)

参数说明：

ReportName：报表名称　　FileName：存储路径和文件名称

4）单击"确认"按钮关闭命令语言编辑框。当系统处于运行状态时，单击此按钮数据报表将以当前时间作为文件名保存实时数据报表。

（3）实时数据报表的查询

利用系统提供的命令语言可将实时数据报表以当前时间作为文件名保存在指定的文件夹中，对于已经保存到文件夹中的报表同样可以在组态王中进行查询，下面将介绍一下实时数据报表的查询过程，利用组态王提供的下拉组合框与一报表窗口控件可以实现上述功能。

1）在工程浏览器窗口的数据词典中定义一个内存字符串变量。

变量名：报表查询变量　　变量类型：内存字符串　　初始值：空

2）在实时报表查询画面，选择工具箱中的"报表窗口"工具，在画面上绘制一实时数据报表窗口，控件名称为：Report2。

3）选择工具箱中的"插入控件"工具，在画面上插入一个"下拉式组合框"控件，控件属性设置如图 2.3.21 所示。

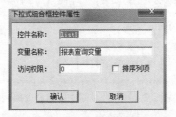

图 2.3.21　下拉式组合框控件属性

4）在画面中单击鼠标右键，在画面属性的命令语言中输入如下命令语言，如图 2.3.22 所示。

| 显示时 | 存在时 | 隐含时 | | 每 | 3000 | 毫秒 |

```
listClear("list1");
ListLoadFileName( "list1", "D:\多液体混合监控系统\多液体混合监控系统\实时数据文件夹\*.rtl" );
```

图 2.3.22　命令语言

● listClear 此函数将清除指定列表框控件 ControlName 中的所有列表成员项。语法使用如下：　listClear("ControlName");
参数说明：
ControlName 为工程人员定义的列表框控件名称，可以为中文名或英文名。
ListLoadFileName 函数将字符串常量 StringTag 指示的文件名显示在列表框中。
上述命令语言的作用是将已经保存到"D:\多液体混合监控系统\多液体混合监控系统\实时数据文件夹"中的实时报表文件名称在下拉式组合框中显示出来。

5）在画面中添加一按钮，按钮文本为：实时数据报表查询。

6）在按钮的"弹起"事件中输入如下命令语言，如图 2.3.23 所示。

```
命令语言
string    filename;
filename="D:\多液体混合监控系统\多液体混合监控系统\实时数据文件夹\"+\\本站点\报表查询变量;
ReportLoad("Report2",FileName);

listClear("list1");
ListLoadFileName( "list1", "D:\多液体混合监控系统\多液体混合监控系统\实时数据文件夹\" );
```

图 2.3.23　实时数据报表查询命令语言

上述命令语言的作用是将下拉式组合框中选中的报表文件的数据显示在 Report2 报表窗口中，其中"\\本站点\报表查询变量"保存了下拉式框中选中的报表文件名。

7）设置完毕后单击"文件"菜单中的"全部存"命令，保存您所作的设置。

8）菜单中的"切换到 VIEW"命令，运行此画面。当您单击下拉式组合框控件时保存在指定路径下的报表文件全部显示出来，选择任一报表文件名，单击"实时数据报表查询"按钮后此报表文件中的数据会在窗口显示出来，如图 2.3.24 所示。从而达到了实时数据报表查询的目的。

三、报警系统制作

（1）定义报警组

1）在工程浏览器窗口左侧"工程目录显示区"中选择"数据库"中的"报警组"选项，在右侧"目录内容显示区"中双击"进入报警组"图标弹出"报警组定义"对话框，如图 2.3.25 所示。

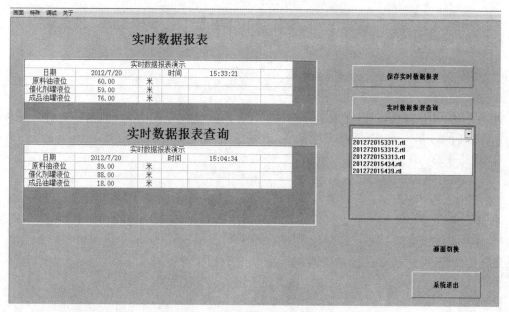

图 2.3.24 实时数据报表查询运行图

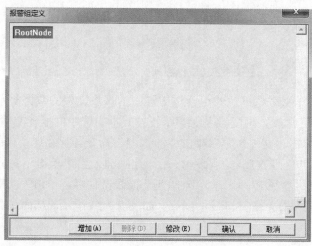

图 2.3.25 "报警组定义"对话框

对话框中各按钮的作用是：

"增加"按钮：在当前选择的报警组节点下增加一个报警组节点。

"删除"按钮：删除当前选择的报警组。

"修改"按钮：修改当前选择的报警组的名称。

"确认"按钮：保存当前修改内容，关闭对话框。

"取消"按钮：不保存修改，关闭对话框。

2）单击"修改"按钮，将名称为"RootNode"的报警组改名为"化工厂"。

3）选中"化工厂"报警组，单击"增加"按钮增加此报警组的子报警组，名称为：反应车间。

4）选中"确认"按钮关闭对话框，结束对报警组的设置，如图 2.3.26 所示。

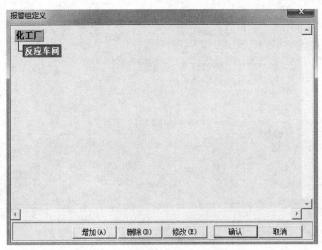

图 2.3.26　修改和增加后的报警组

（2）设置变量的报警属性

1）在数据词典中选择"原料油液位"变量，双击此变量，在弹出的"定义变量"对话框中单击"报警定义"选项卡，如图 2.3.27 所示。

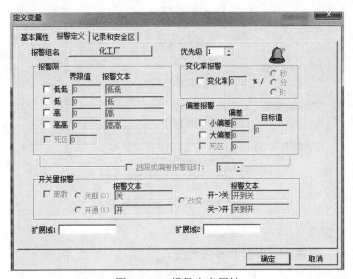

图 2.3.27　报警定义属性

2）设置完毕后单击"确定"按钮，系统进入运行状态时，当"原料油液位"的高度低于10 或高于 90 时系统将产生报警，报警信息将显示在"反应车间"报警组中，如图 2.3.28 所示。

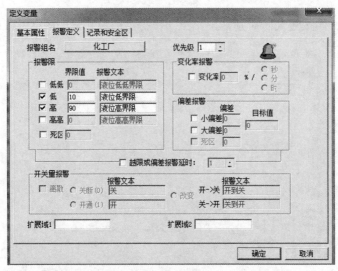

图 2.3.28　报警定义设定

模拟量的值在跨越规定的高低报警限时产生越限报警。越限报警的报警限共有四个：低低限、低限、高限、高高限。其原理图如图 2.3.29 所示。

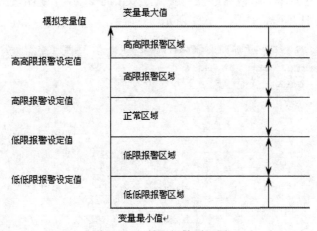

图 2.3.29　越限报警原理图

（3）建立报警窗口

1）新建一画面，名称为：报警和事件画面，类型为：覆盖式。

2）选择工具箱中的"T"工具，在画面上输入文字：报警和事件画面。

3）选择工具箱中的"报警窗口"工具，在画面中绘制一报警窗口，如图 2.3.30 所示。

图 2.3.30　报警窗口

4）双击"报警窗口"对象，弹出"报警窗口配置属性页"对话框，如图 2.3.31 所示。

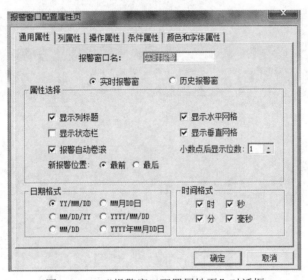

图 2.3.31　"报警窗口配置属性页"对话框

报警窗口分为五个选项卡：通用属性、列属性、操作属性、条件属性、颜色和字体属性。

● 通用属性：在此可以设置窗口的名称、窗口的类型（实时报警窗口或历史报警窗口）、窗口显示属性以及日期和时间显示格式等。需要注意的是报警窗口的名称必须填写，否则运行时将无法显示报警窗口。

● 列属性：报警窗口中的"列属性"选项卡，如图 2.3.32 所示。

在此选项卡中你可以设置报警窗口中显示的内容，包括：报警日期时间显示与否、报警变量名称显示与否、报警类型显示与否等。

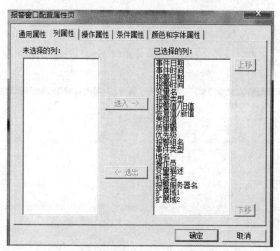

图 2.3.32 "列属性"选项卡

● 操作属性：报警窗口中的"操作属性"选项卡，如图 2.3.33 所示。

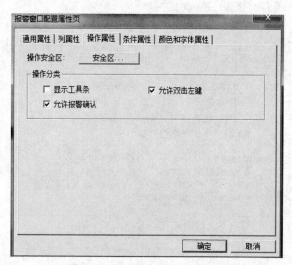

图 2.3.33 "操作属性"选项卡

在此选项卡中你可以对操作者的操作权限进行设置。单击"安全区"按钮，在弹出的"选择安全区"对话框中选择报警窗口所在的安全区，只登录用户安全区包含报警窗口的操作安全区时，才可执行如下设置的操作，如：双击左键操作、工具条的操作和报警确认的操作。

● 条件属性：报警窗口中的"条件属性"选项卡，如图 2.3.34 所示。

在此选项卡中你可以设置哪些类型的报警或事件发生时才在此报警窗口中显示，并设置其优先级和报警组。

● 颜色和字体属性：报警窗口中的"颜色和字体属性"选项卡，如图 2.3.35 所示。

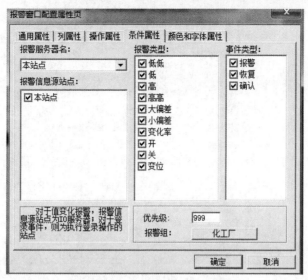

图 2.3.34　"条件属性"选项卡

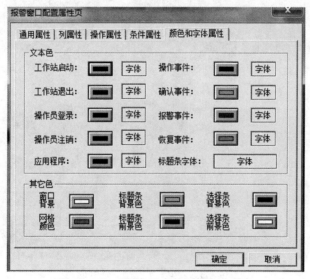

图 2.3.35　"颜色和字体属性"选项卡

在此选项卡中你可以设置报警窗口的各种颜色以及信息的显示颜色。

5）用同样的方法再建立一历史报警窗口，其历史报警窗口配置属性页的通用属性设置，如图 2.3.36 所示，其余均相同。

6）单击"文件"菜单中的"全部存"命令，保存你所作的设置。

7）单击"文件"菜单中的"切换到 VIEW"命令，进入运行系统，如图 2.3.37 所示。

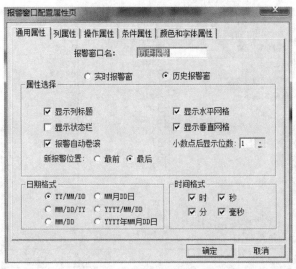

图 2.3.36　历史报警窗口配置

图 2.3.37　报警和事件运行画面

至此，反应车间监控画面的趋势曲线、报表系统和报警系统就完成了。

【任务检查与评价】

1. 结合学生完成的情况进行点评并给出考核成绩。
2. 展示学生优秀设计方案和程序，激发学生的学习热情。

3

自动门监控系统设计

【项目导读】

任务一　自动门监控系统的建立
任务二　"组态王"其他应用程序在自动门监控系统中的应用
任务三　自动门系统安全

【学习目标】

掌握组态王动画连接的使用及等价键的运用，命令语言的编写技巧，进一步强化项目实施的措施及步骤。

【建议课时】

16 学时

任务一　自动门监控系统的建立

【任务描述】

自动大门的控制要求如下：

（1）门卫在警卫室通过开门开关、关门开关和停止开关控制大门。

（2）当门卫按下开门开关后，报警灯开始闪烁，门打开，直到门完全打开时，门停止运动，报警灯停止闪烁。

（3）当门卫按下关门开关时，报警灯开始闪烁，门关闭，直到门完全关闭时，门停止运动，报警灯停止闪烁。

（4）在门运动过程中，任何时候只要门卫按下停止开关，门马上停在当前位置，报警灯停闪。

（5）开门开关和关门开关都按下时，门不动作，并进行错误提示。

【相关知识】

制作一个工程的一般过程，动画连接等价键。

【任务实施】

一、建立新工程

打开"组态王"监控软件，在"工程管理器"菜单内单击"新建工程"选项，出现如图3.1.1所示的对话框。

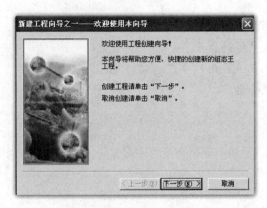

图 3.1.1　工程向导一

单击"下一步"按钮选择工程所在路径，如图3.1.2所示。

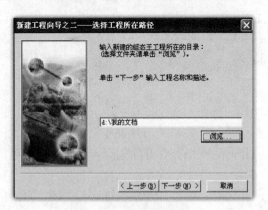

图 3.1.2　工程所在路径

单击"下一步"按钮对工程取名和描述，如图 3.1.3 所示。

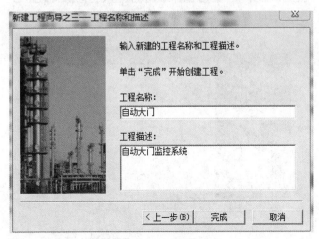

图 3.1.3　工程描述

单击"完成"按钮完成新项目的建立。

二、设备 COM1 口的设置

单击"设备配置向导"选项出现如图 3.1.4 所示对话框，选择 PLC 型号。

图 3.1.4　设备选择

单击"下一步"按钮为设备取名字为 PLC，如图 3.1.5 所示。

图 3.1.5 设备名称

单击"下一步"按钮为串口设备选择串行端口 COM1，如图 3.1.6 所示。

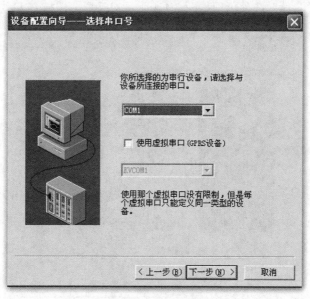

图 3.1.6 设备连接口

单击"下一步"按钮为安装的设备指定地址为 0，如图 3.1.7 所示。

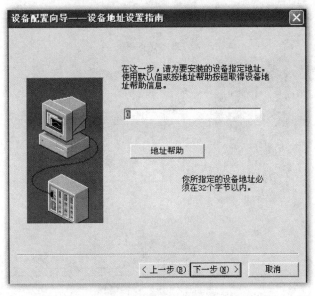

图 3.1.7　设备物理地址

单击"下一步"按钮设置设备故障恢复时间,如图 3.1.8 所示。

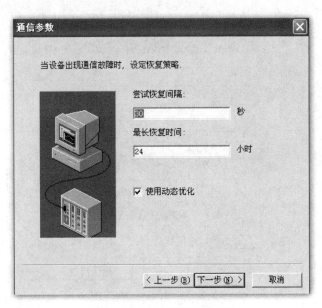

图 3.1.8　设备故障恢复时间

单击"下一步"按钮完成设备设置,出现设置信息,如图 3.1.9 所示,如若没错单击"完成"按钮,如若有错单击"上一步"按钮进行修改。

图 3.1.9　新建设备信息

三、新建画面

选择"文件/画面"选项，单击"新建"按钮出现如图 3.1.10 所示对话框。

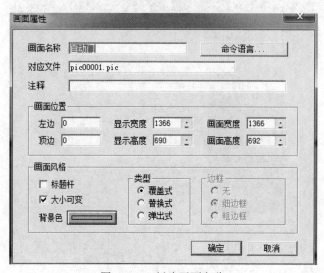

图 3.1.10　新建画面名称

填写画面名称及参数，单击"确定"按钮出现对话框如图 3.1.11 所示。

开发系统内绘制监控画面如图 3.1.12 所示。

图 3.1.11　画面绘制区

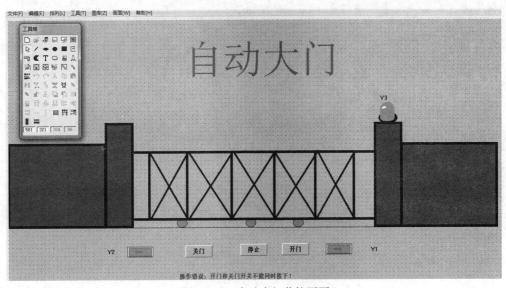

图 3.1.12　自动大门监控画面

【任务检查与评价】

1. 结合学生完成的情况进行点评并给出考核成绩，评分标准如表 3-1 所示。
2. 展示学生优秀设计方案和程序，激发学生的学习热情。

表 3-1 成绩考核评分标准

项目	内容	满分	评分要求	备注
自动门监控系统的建立	新工程的建立	25	正确掌握新工程建立的一般步骤	步骤每错一步扣除 5 分
	设备口的选择	35	正确选择设备口，并进行参数设置	参数设置每错一处扣除 5 分
	监控画面的绘制	40	正确绘制监控画面	监控画面每错一处扣除 4 分

任务二   "组态王"其他应用程序在自动门监控系统中的应用

【任务描述】

绘制监控画面以后，我们希望画面实时地反映自动大门的动作过程，为此我们要设立监控动画及编写命令语言。

利用组态王软件设置动画效果，编写命令语言。

【相关知识】

各部分的动画连接等价键及命令语言的编写。

【任务实施】

一、定义 I/O 变量

I/O 变量定义如图 3.2.1 所示

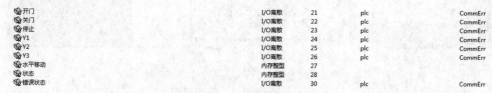

图 3.2.1   I/O 变量定义

二、动画连接

1）对大门首先要合并图素，然后设定动画连接，如图 3.2.2 所示。

2）对指示灯 Y1 进行动画连接，如图 3.2.3 所示。

3）对指示灯 Y2 进行动画连接，如图 3.2.4 所示。

4）对指示灯 Y3 进行动画连接，如图 3.2.5 所示。

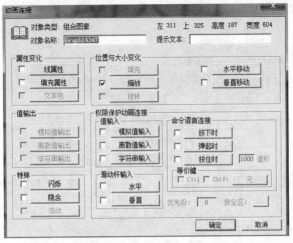

图 3.2.2　大门动画连接

图 3.2.3　指示灯 Y1 动画连接

图 3.2.4　指示灯 Y2 动画连接

图 3.2.5　指示灯 Y3 选择动画连接

5）对开门按钮进行动画连接，如图 3.2.6 所示。

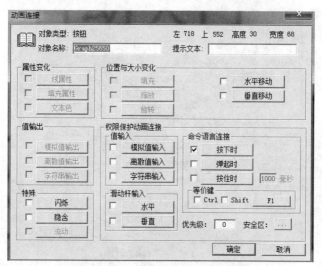

图 3.2.6 开门按钮选择动画连接

在选择命令语言连接中"按下时"的动画连接时，需输入下面的命令语言，如图 3.2.7 所示。

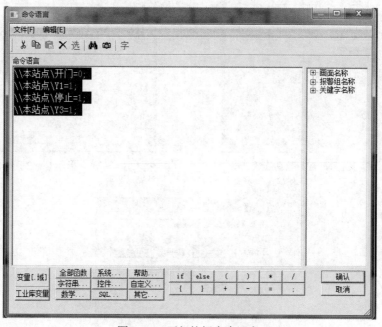

图 3.2.7 开门按钮命令语言

对开门按钮等价键的设定如图 3.2.8 所示。

根据对开门按钮的动画连接，完成关门、停止按钮的动画连接。

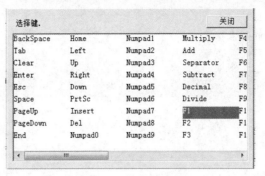

图 3.2.8　等价键选择

6）操作错误文字动画连接如图 3.2.9 所示。

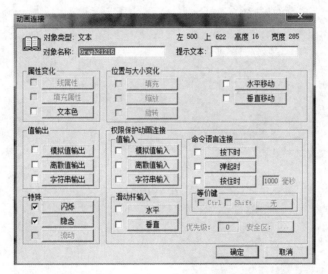

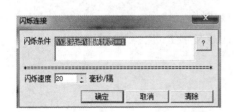

图 3.2.9　操作错误文字动画连接

三、命令语言

控制程序的编写要从简到难，一个功能一个功能地实现。编写一个功能，调试一个功能，调试成功后，再加入新的功能，反复进行调试修改。

参考画面命令语言如下：

```
（监控画面存在时每隔 100 ms 执行一次）
if(\\本站点\开门==0)
{
\\本站点\状态=1;
\\本站点\Y3=1;
\\本站点\Y1=1;
\\本站点\水平移动=\\本站点\水平移动-5;
}
if(\\本站点\关门==0)
{
\\本站点\状态=2;
\\本站点\Y3=1;
\\本站点\Y2=1;
\\本站点\水平移动=\\本站点\水平移动+5;
}
if(\\本站点\停止==0)
{
\\本站点\状态=3;
\\本站点\Y3=0;
\\本站点\开门=1;
\\本站点\关门=1;
\\本站点\错误状态=0;
}
if(\\本站点\开门==0&&\\本站点\关门==0)
{
\\本站点\状态=0;
\\本站点\Y1=0;
\\本站点\Y2=0;
\\本站点\Y3=0;
\\本站点\错误状态=1;}
```

【任务检查与评价】

1. 结合学生完成的情况进行点评并给出考核成绩。
2. 展示学生制作的自动门设计方案和程序，激发学生的学习热情。

4

十字路口交通灯监控系统的设计与绘制

【项目导读】

本项目主要讨论基于西门子 S7-200 PLC 的十字交通灯控制系统的工作原理、系统要求、硬件组成、"组态王"组态方法及软硬件统调等任务，使学生完成掌握"组态王"监控与控制 PLC 系统的能力。

任务一　十字路口交通灯监控系统的建立

十字路口交通灯控制系统的控制要求、西门子 S7-200 PLC 的外部硬件接线、"组态王"软件创建工程的方法与步骤及组态设计方法。

任务二　红绿灯监控系统与 S7-200 的连接

【学习目标】

熟悉工程建立的一般步骤，熟悉工程对象的动画连接及与西门子 S7-200 系列 PLC 通讯连接的方法。

【建议课时】

24 学时。

任务一　十字路口交通灯监控系统的建立

【任务描述】

制作如图 4.1.1 所示的十字路口交通灯控制画面，设置组态启动按钮、远程监控指示灯、南北强制按钮、东西强制按钮、电源停止按钮及组态退出按钮。按下组态启动按钮南北方向绿灯亮 10 秒，当快到时间时，南北方向绿灯闪烁 3 秒，南北方向黄灯亮 2 秒，东西方向红灯亮 15 秒；南北方向红灯亮 10 秒，对应的东西方向的绿灯亮 5 秒，然后闪烁 3 秒，东西方向黄灯亮 2 秒。

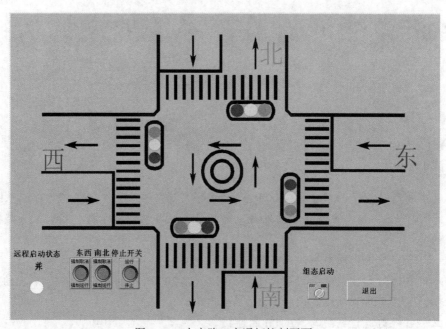

图 4.1.1　十字路口交通灯控制画面

【相关知识】

十字路口交通灯控制系统的组成。

【任务实施】

一、新建工程

在"工程管理器"窗口中，选择"文件"菜单下的"新建工程"选项，新建红绿灯工程文件，如图 4.1.2、图 4.1.3、图 4.1.4 所示。

图 4.1.2　新建红绿灯工程

图 4.1.3　红绿灯工程所在路径

图 4.1.5　红绿灯工程的保存位置

二、交通灯监控系统画面绘制

在工程浏览器左侧树形菜单中选择"文件/画面"选项，在右侧视图中双击"新建"图标，弹出如图 4.1.6 所示对话框。

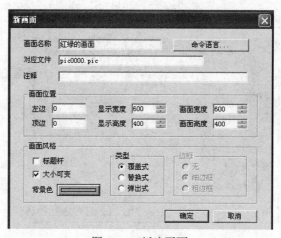

图 4.1.6　新建画面

依次设置，图 4.1.7 为新建画面对话框，图 4.1.8 为红绿灯工程画面。

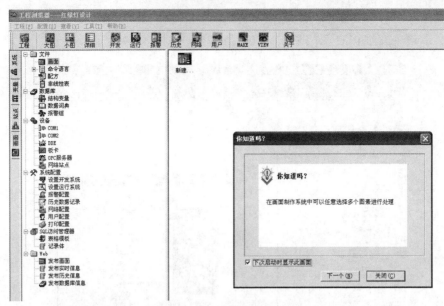

图 4.1.7　新建画面对话框

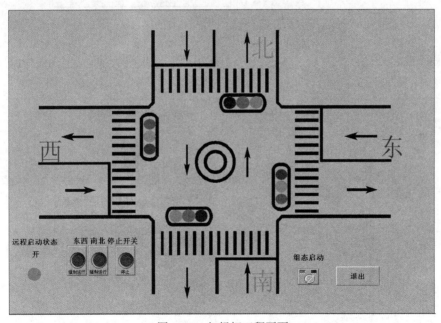

图 4.1.8　红绿灯工程画面

三、定义设备

1）添加串口设备：组态王红绿灯工程浏览器的左侧选择"设备/COM1"选项，在右侧双击"新建"图标，运行"设备配置向导"对话框。

①选择：设备驱动/PLC/西门子/S7-200 系列/PPI，如图 4.1.9 所示。

图 4.1.9 配置串口设备

②逻辑名称：单击"下一步"按钮，给设备指定唯一的逻辑名称：西门子 PLC 在线，图 4.1.10 为逻辑名称画面。

图 4.1.10 逻辑名称画面

③单击"下一步"按钮，选择串口号，选择"COM1"（需与 PC 上使用的串口号一致），

图 4.1.11 为选择串口号画面。

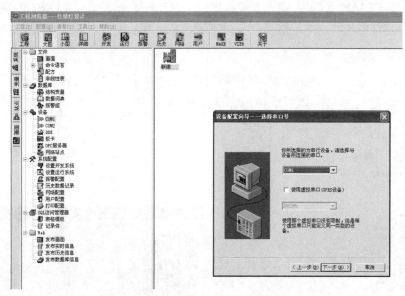

图 4.1.11　选择串口号画面

　　④单击"下一步"按钮，为设备指定地址，设备地址格式为：由于 S7-200 系列 PLC 的型号不同，设备地址的范围不同，所以对于某一型号设备的地址范围，请见相关硬件手册。"组态王"的设备地址要与 PLC 的 PORT 口设置一致。设置 PLC 的地址为默认即可。图 4.1.12 为设备地址画面。

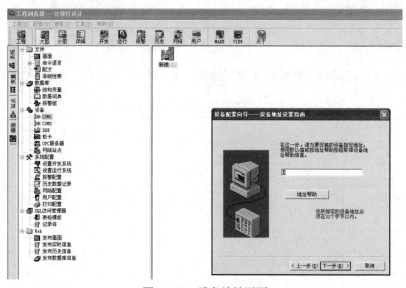

图 4.1.12　设备地址画面

2）设置串口通信参数

双击"设备/COM1"选项，弹出"设置串口"对话框，设置串口 COM1 的通信参数，波特率选"9600"，奇偶校验选"无校验"，数据位选"8"，停止位选"1"，通信方式选"RS232"，如图 4.1.13 所示。

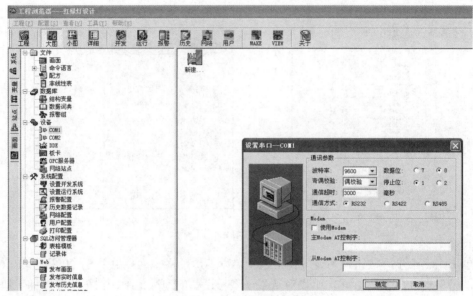

图 4.1.13　设置串口通信参数

设置完毕，单击"确定"按钮，就完成了对 COM1 的通信参数配置，保证 COM1 与 I/O 设备模块的通信能够正常进行。

四、定义 I/O 变量

十字路口交通灯控制输入输出关系分配表如表 4-1 所示。

表 4-1　十字路口交通灯控制输入输出关系分配表

输入		输出	
"组态王"变量	S7-200PLC 输入端口	组态王变量	S7-200PLC 输入端口
远程状态监控 SB1	I0.0	东西绿灯	Q0.0
东西强制按钮 SB2	I0.1	东西黄灯	Q0.1
南北强制按钮 SB3	I0.2	东西红灯	Q0.2
组态启动按钮	M0.2（不需要接线）	南北绿灯	Q0.4
停止按钮	M0.1（不需要接线）	南北黄灯	Q0.5
Exit（0）		南北红灯	Q0.6

在工程浏览器左侧树形菜单中选择"数据库/数据词典"选项，在右侧视图中双击"新建"图标，依次定义变量如图 4.1.14 所示。

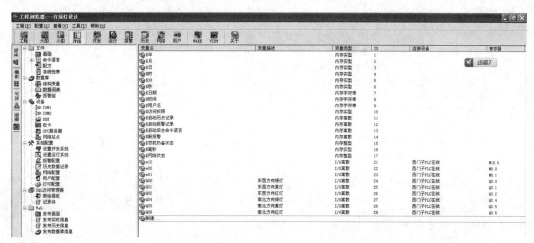

图 4.1.14　红绿灯 I/O 变量

然后对各部分进行相应的动画连接。

五、命令语言编写

红绿灯工程的命令语言如下：

```
///启动状态
if(\\本站点\启动==1)
    {\\本站点\启动定时 5 秒=\\本站点\启动定时 5 秒+1;\\本站点\启动标志=1;}
if(\\本站点\启动定时 5 秒==5)
    {\\本站点\启动定时 5 秒=0;\\本站点\启动=0;}
////停止状态
if(\\本站点\停止==1)
    {\\本站点\停止定时 5 秒=\\本站点\停止定时 5 秒+1;\\本站点\停止标志=1;}
if(\\本站点\停止定时 5 秒==5)
    {\\本站点\停止定时 5 秒=0;\\本站点\停止=0;}
if(\\本站点\停止标志==1)
{\\本站点\东西红灯=0;\\本站点\东西绿灯=0;\\本站点\东西黄灯=0;\\本站点\南北绿灯=0;\\本站点\南北黄灯=0;\\本站点\
南北红灯=0;}
if(\\本站点\启动标志==1)
{
    if(\\本站点\定时时间>=0 &&\\本站点\定时时间<10)
    {\\本站点\东西红灯=1;\\本站点\东西绿灯=0;\\本站点\东西黄灯=0;\\本站点\南北绿灯=1;\\本站点\南北黄灯=0;\\本
站点\南北红灯=0;}
    if(\\本站点\定时时间>=10 &&\\本站点\定时时间<=13)
    {
    if(\\本站点\南北闪烁定时<=1)
    {\\本站点\南北绿灯=0;}
     else
```

```
        {\\本站点\南北绿灯=1;}
        if( \\本站点\南北闪烁定时==3 )
        {\\本站点\南北闪烁定时=0;}
    else
\\本站点\南北闪烁定时=\\本站点\南北闪烁定时+1;
    }
        if(\\本站点\定时时间>13 &&\\本站点\定时时间<=15)
        {\\本站点\南北绿灯=0;\\本站点\南北黄灯=1;}
        if(\\本站点\定时时间>15 &&\\本站点\定时时间<=20)
    {\\本站点\南北黄灯=0;\\本站点\东西红灯=0;\\本站点\东西绿灯=1;\\本站点\南北红灯=1;}
     if(\\本站点\定时时间>20 &&\\本站点\定时时间<=23)
     {
     if( \\本站点\东西定时闪烁<=1)
       {\\本站点\东西绿灯=0;}
     else
        {\\本站点\东西绿灯=1;}
        if( \\本站点\东西定时闪烁==3 )
        {\\本站点\东西定时闪烁=0;}
        \\本站点\东西定时闪烁=\\本站点\东西定时闪烁+1;
     }
     if(\\本站点\定时时间>23 &&\\本站点\定时时间<=25)
     {\\本站点\东西绿灯=0;\\本站点\东西黄灯=1;}
     if(\\本站点\定时时间==25)
     {\\本站点\定时时间=0;}
      \\本站点\定时时间=\\本站点\定时时间+1;

}
```

停止按钮的命令语言如图 4.1.15 所示，启动按钮命令语言如图 4.1.6 所示。

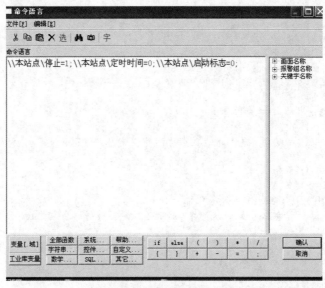

图 4.1.15　停止按钮命令语言

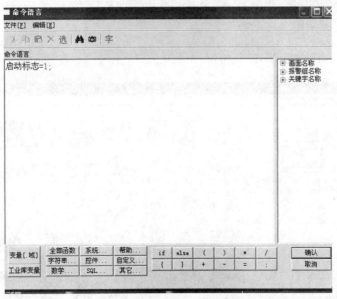

图 4.1.16　启动按钮命令语言

【任务检查与评价】

1. 结合学生完成的情况进行点评并给出考核成绩。
2. 展示学生优秀设计方案和程序，激发学生的学习热情。

任务二　红绿灯监控系统与 S7-200 的连接

【任务描述】

交通灯监控系与 S7-200 连接。

【相关知识】

组态王软件外部图库使用的基本知识。

解压后运行，文件图标如图 4.2.1 所示。

SYMFAC1.EXE

图 4.2.1　解压文件图标

一、点位图图库使用

以 Food 中的 Turbo emulsifier 为例，如图 4.2.2 所示。

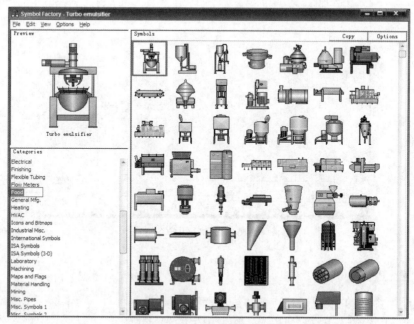

图 4.2.2　外部图库

（1）右键图片选择"Copy"选项，如图 4.2.3。

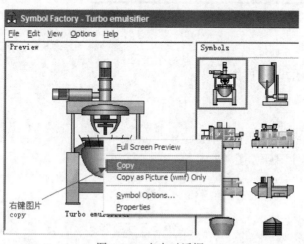

图 4.2.3　右击对话框

（2）切换到"组态王"画面开发，使用点位图功能，如图 4.2.4 所示。

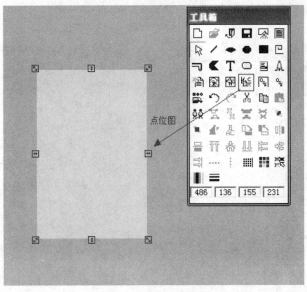

图 4.2.4　工具箱中点位图

（3）右键粘贴点位图，如图 4.2.5、图 4.2.6 所示。

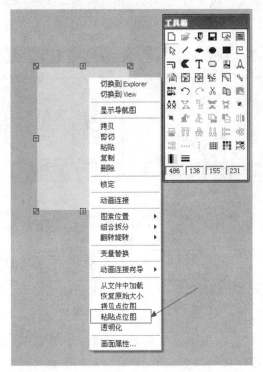

图 4.2.5　右击点位图

（4）点位图透明化，如图 4.2.7 所示。

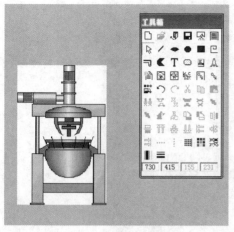

图 4.2.6 粘贴点位图

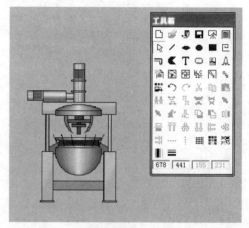

图 4.2.7 点位图透明化

二、图片属性设置

（1）图片属性里可以设置填充方式，翻转角度以及背景颜色等，比如设置图片的背景色跟"组态王"里一致则可以不用再设置图片透明化，如图 4.2.8 所示。

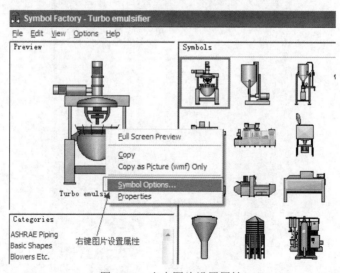

图 4.2.8 右击图片设置属性

（2）图片实际使用多大，就先在小软件里设置多大，这样图片就不会失真。小软件里是通过拉伸的方式改变大小的，如图 4.2.9 所示。拉伸后的失真对比如图 4.2.10 所示。

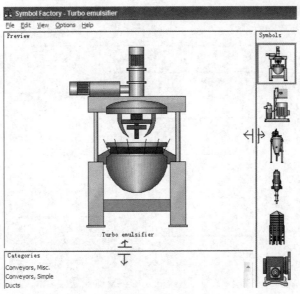

图 4.2.9　设置大小

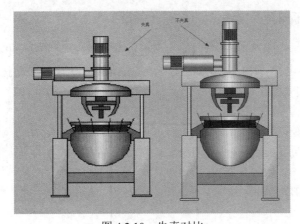

图 4.2.10　失真对比

（3）也可以把外面的图片导进来，不过只支持 bmp 和 wmf 格式。

【任务实施】

一、十字路口交通灯监控系统的控制要求

　　根据上述要求，使用西门子 S7-200 系列 PLC 实现控制要求，并使用组态软件实现对十字路口交通灯控制系统操作过程，东西、南北方向的控制并实现动态监控。绘制控制时序图如图 4.2.10 所示。

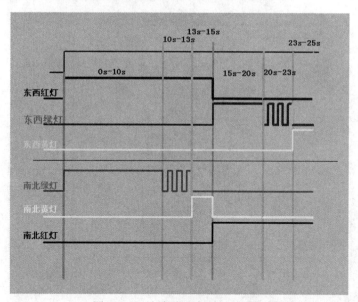

图 4.2.10　十字路口交通灯时序图

二、十字路口交通灯硬件接线

对于十字路口交通灯硬件接线时，L、N 接到 AV220V 交流电上，PLC 的输入电源可以用 PLC 输出的 DC 24V 电源，IM 接到 M，L+接到按钮的公共端，启动按钮可用带自锁的，1L 和 2L 接在一起，如图 4.2.11 所示。

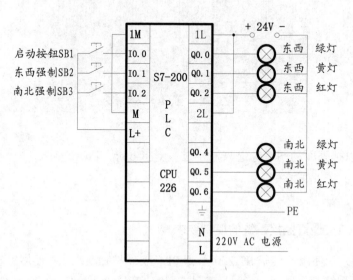

图 4.2.11　十字路口交通灯系统接线图

二、S7-200 十字路口交通灯梯形图

十字路口交通灯梯形图如图 4.2.12 所示。

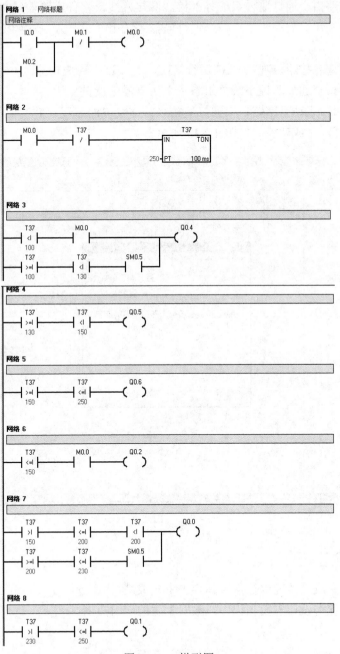

图 4.2.12　梯形图

三、系统调试

（1）十字路口交通灯监控系统 PLC 程序调试

1）按照十字路口交通灯监控系统外部接线图接好线，将程序输入到 PLC 中，并运行。

2）按下启动按钮，启动十字路口交通灯监控系统 PLC 程序，观察 PLC 运行情况，并调试，完成功能。

3）执行强制南北按钮，观察 PLC 运行情况，并调试，完成功能。

（2）十字路口交通灯监控系统"组态王"仿真界面调试

按下启动按钮，启动十字路口交通灯监控系统仿真界面，观察 PC 界面红绿灯运行情况，是否对应，并调试，完成功能。如图 4.2.13 所示。

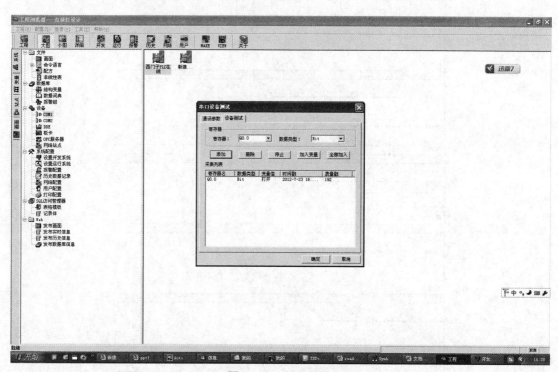

图 4.2.13　PLC 调试

【任务检查与评价】

1. 结合学生完成的情况进行点评并给出考核成绩。

2. 展示学生优秀设计方案和程序，激发学生的学习热情。

5 机械手监控系统的设计

任务一　机械手监控系统的建立

建立机械手的监控画面。

任务二　机械手监控系统命令语言的编写

编写机械手监控画面的命令语言并进行运行与调试。

【学习目标】

掌握"组态王"命令语言的编写技巧，进一步强化项目实施的措施及步骤；掌握"组态王"的综合应用能力。

【建议课时】

16学时。

任务一　机械手监控系统的建立

【任务描述】

一、机械手工作原理描述

为了满足生产的需要，很多设备要求设置多种工作方式，如手动和自动（包括连续、单周期、单步、自动返回初始状态等）工作方式。机械手可用来将工件从 A 点搬运到 B 点，如图 5.1.1 所示。

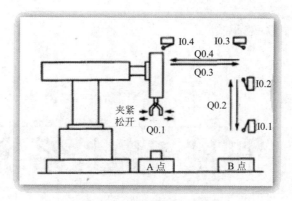

图 5.1.1　机械手工作原理图

二、控制要求

利用"组态王"软件建立新工程，正确定义变量及绘制监控画面。

【相关知识】

制作一个工程的一般过程。

【任务实施】

一、建立新工程

打开"组态王"监控软件，在工程管理器内单击新建工程菜单，出现如图 5.1.2 所示的对话框。

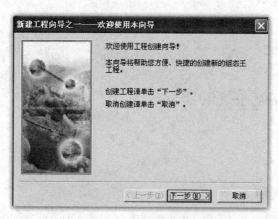

图 5.1.2　工程向导一

单击"下一步"按钮选择工程所在路径，如图 5.1.3 所示。

单击"下一步"按钮对工程取名和描述，如图 5.1.4 所示。

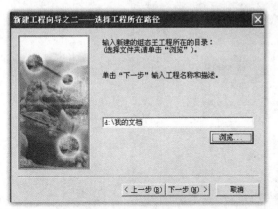

图 5.1.3　工程所在路径

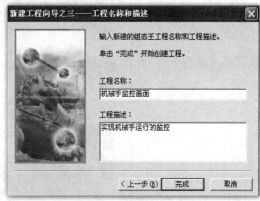

图 5.1.4　工程描述

单击"完成"按钮完成新项目的建立，如图 5.1.5 所示。

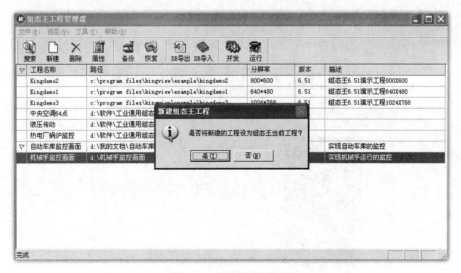

图 5.1.5　新建工程信息

二、设备 COM1 口的设置

单击"设备配置向导"出现如图 5.1.6 对话框，选择 PLC 型号。

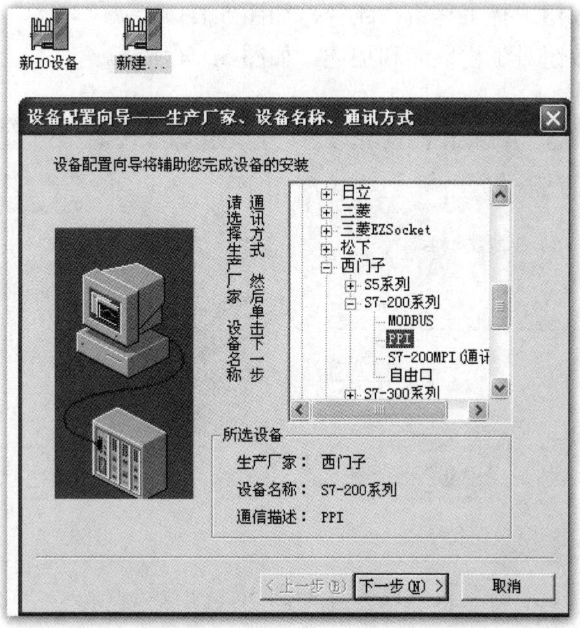

图 5.1.6　设备选择

单击"下一步"按钮为设备取名字为 PLC，如图 5.1.7 所示。

图 5.1.7　设备名称

单击"下一步"按钮为串口设备选择串行端口 COM1，如图 5.1.8 所示。

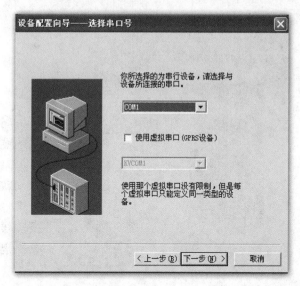

图 5.1.8　设备连接口

单击"下一步"按钮为安装的设备指定地址为 0，如图 5.1.9 所示。

图 5.1.9　设备物理地址

单击"下一步"按钮设置设备故障恢复时间如图 5.1.10 所示。

单击"下一步"按钮完成设备设置，出现设置信息，如若没错单击"完成"按钮，如图 5.1.11 所示，如若有错单击"上一步"按钮进行修改。

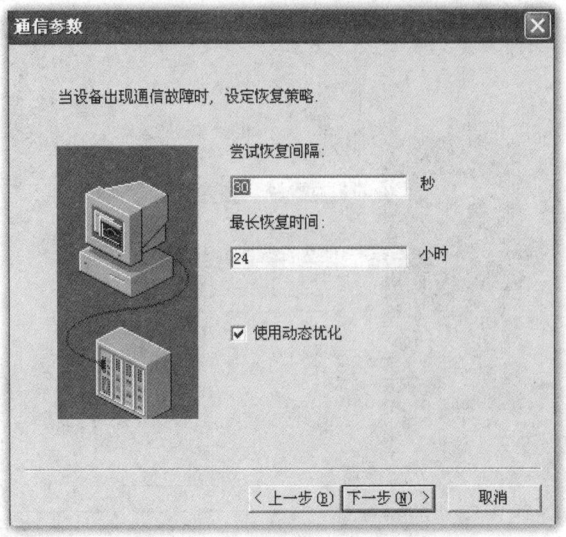

图 5.1.10　设备故障恢复时间

图 5.1.11　新建设备信息

三、新建画面

选择"文件/画面"选项，单击"新建"按钮出现如图 5.1.12 所示的对话框。填写画面名称及参数，单击"确定"按钮出现对话框如图 5.1.13 所示的对话框，在此开发系统内绘制监控画面如图 5.1.14 所示。

图 5.1.12　新建画面名称

图 5.1.13　画面绘制区

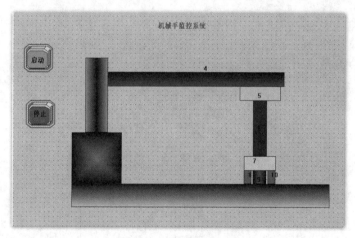

图 5.1.14　绘制的画面

【任务检查与评价】

1. 结合学生完成的情况进行点评并给出考核成绩，评分标准如表 5-1 所示。
2. 展示学生优秀设计方案和程序，激发学生的学习热情。

表 5-1　考核评份标准

项目	内容	满分	评分要求	备注
机械手监控系统的建立	新工程的建立	25	正确掌握新工程建立的一般步骤	步骤每错一步扣除 5 分
	设备口的选择	35	正确选择设备口，并进行参数设置	参数设置每错一处扣除 5 分
	监控画面的绘制	40	正确绘制监控画面	监控画面每错一处扣除 4 分

任务二　机械手监控系统命令语言的编写

【任务描述】

绘制监控画面以后，我们希望画面实时地反映机械手的动作过程，为此我们要设立监控动画及编写命令语言。

利用"组态王"软件设置动画效果，编写命令语言。

【相关知识】

各部分的动画连接及命令语言的编写。

【任务实施】

一、定义 I/O 变量

I/O 变量定义如图 5.2.1 所示。

启动按钮	I/O离散	21	FX2PLC	X1
停止按钮	I/O离散	22	FX2PLC	X2
放松阀	I/O离散	23	FX2PLC	Y1
夹紧阀	I/O离散	24	FX2PLC	Y2
下移阀	I/O离散	25	FX2PLC	Y3
上移阀	I/O离散	26	FX2PLC	Y4
左移阀	I/O离散	27	FX2PLC	Y5
右移阀	I/O离散	28	FX2PLC	Y6
次数	内存整型	29		
运行标志	内存离散	30		
停止标志	内存离散	31		
工件x	内存实型	32		
工件y	内存实型	33		
机械手x	内存实型	34		
机械手y	内存实型	35		
机械手x1	内存实型	36		
机械手x2	内存实型	37		
机械手y1	内存实型	38		
机械手y2	内存实型	39		

图 5.2.1　I/O 变量定义

二、动画连接

对编号为 4～10 的部件进行如图 5.2.2 动画设置。

单击 4 号部件选择"动画连接"菜单，进行动画参数设置，如图 5.2.3 所示。

图 5.2.2　按钮动画连接

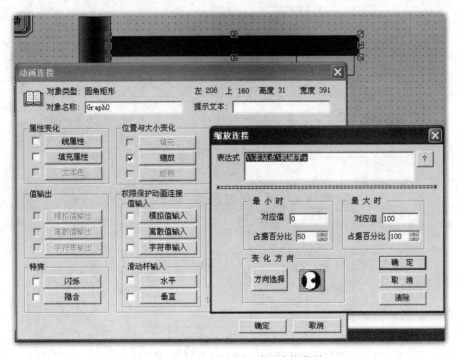

图 5.2.3　4 号部件选择动画连接菜单

单击 5 号部件选择"动画连接"菜单，进行动画参数设置，如图 5.2.4 所示。

单击 6 号部件选择"动画连接"菜单，进行动画参数设置，如图 5.2.5 所示。

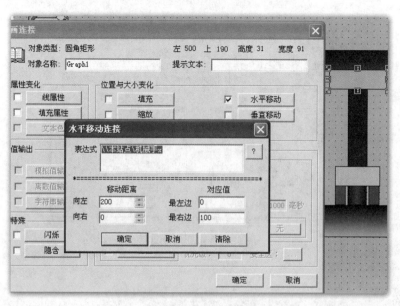

图 5.2.4　5 号部件选择动画连接菜单

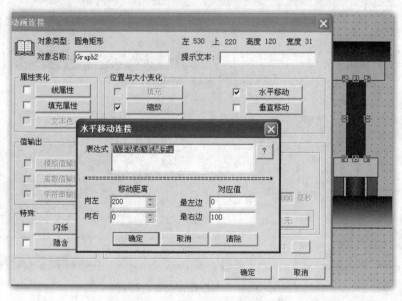

图 5.2.5　6 号部件选择动画连接菜单

单击 7 号部件选择"动画连接"菜单，进行动画参数设置，如图 5.2.6 所示。

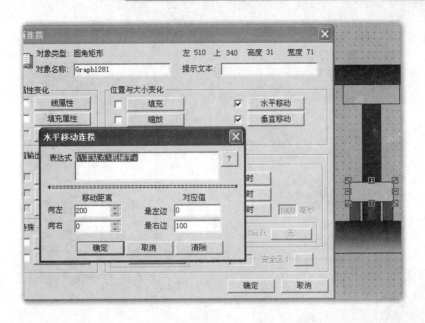

图 5.2.6　7 号部件选择动画连接菜单

单击 8 号部件选择"动画连接"菜单，进行动画参数设置，如图 5.2.7 所示。

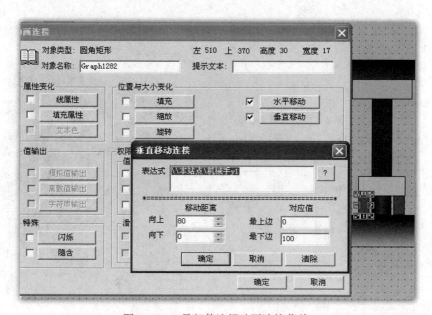

图 5.2.7　8 号部件选择动画连接菜单

单击 9 号部件选择"动画连接"菜单，进行动画参数设置，如图 5.2.8 所示。

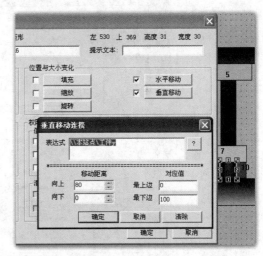

图 5.2.8　9 号部件选择动画连接菜单

单击 10 号部件选择"动画连接"菜单，进行动画参数设置，如图 5.2.9 所示。

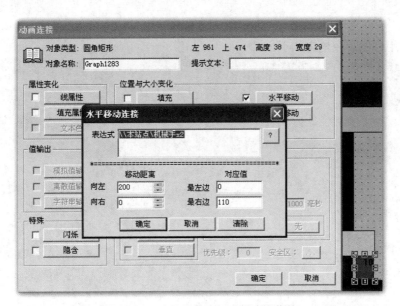

图 5.2.9　10 号部件选择动画连接菜单

图 5.2.9　10 号部件选择动画连接菜单（续图）

三、命令语言

（1）应用程序命令语言如下：

```
启动时：//*设置机械手与工件的初始位置
上移阀=0;
下移阀=0;
左移阀=0;
右移阀=0;
放松阀=0;
夹紧阀=0;
机械手 x=0;
机械手 x1=0;
机械手 x2=5;
机械手 y=0;
机械手 y1=0;
机械手 y2=0;
工件 x=0;
工件 y=100
运行时：
if(运行标志==1)        //*判断是否有运行命令
{if(次数>=0&&次数<50)
{下移阀=1;
```

```
机械手 y=机械手 y+2;
机械手 y1=机械手 y1+2;
机械手 y2=机械手 y2+2;
次数=次数+1;
//*实现机械手下移到位
}
if(次数>=50&&次数<52)
{下移阀=0;
机械手 x1=机械手 x1+2;
机械手 x2=机械手 x2-2;
次数=次数+1;
//*实现机械手松开到位
}
if(次数>=52&&次数<70)
{次数=次数+1;
//*实现机械手夹紧工件
}
if(次数>=70&&次数<120)
{夹紧阀=0;
上移阀=1;
机械手 y=机械手 y-2;
机械手 y1=机械手 y1-2;
机械手 y2=机械手 y2-2;
工件 y=工件 y-2;
次数=次数+1;
//*实现机械手夹紧工件上升到位
}
if(次数>=120&&次数<220)
{上移阀=0;
右移阀=1;
机械手 x=机械手 x+1;
机械手 x1=机械手 x1+1;
机械手 x2=机械手 x2+1;
工件 x=工件 x+1;
次数=次数+1;
//*实现机械手夹紧工件右移到位
}
if(次数>=220&&次数<270)
{右移阀=0;
下移阀=1;
机械手 y=机械手 y+2;
机械手 y1=机械手 y1+2;
机械手 y2=机械手 y2+2;
工件 y=工件 y+2;
```

```
次数=次数+1;
//*实现机械手夹紧工件下移到位
}
if(次数>=270&&次数<290)
{下移阀=0;
放松阀=1;
次数=次数+1;
//*实现机械手放松工件


}
if(次数>=290&&次数<340)
{放松阀=0;
上移阀=1;
机械手y=机械手y-2;
机械手y1=机械手y1-2;
机械手y2=机械手y2-2;
次数=次数+1;
//*实现机械手上移
}
if(次数>=340&&次数<440)
{上移阀=0;
左移阀=1;
机械手x=机械手x-1;
机械手x1=机械手x1-1;
机械手x2=机械手x2-1;
次数=次数+1;
//*实现机械手左移
}
if(次数==440)
{左移阀=0;
次数=0;
工件x=0;
工件y=100;
//*机械手左移到位初始化数据
if(停止标志==1)
{停止标志=0;
运行标志=0;
    //*判断是否停止
}
 }
 }
```

（2）事件命令语言如图 5.2.10 所示，运行时的画面如图 5.2.11 所示。

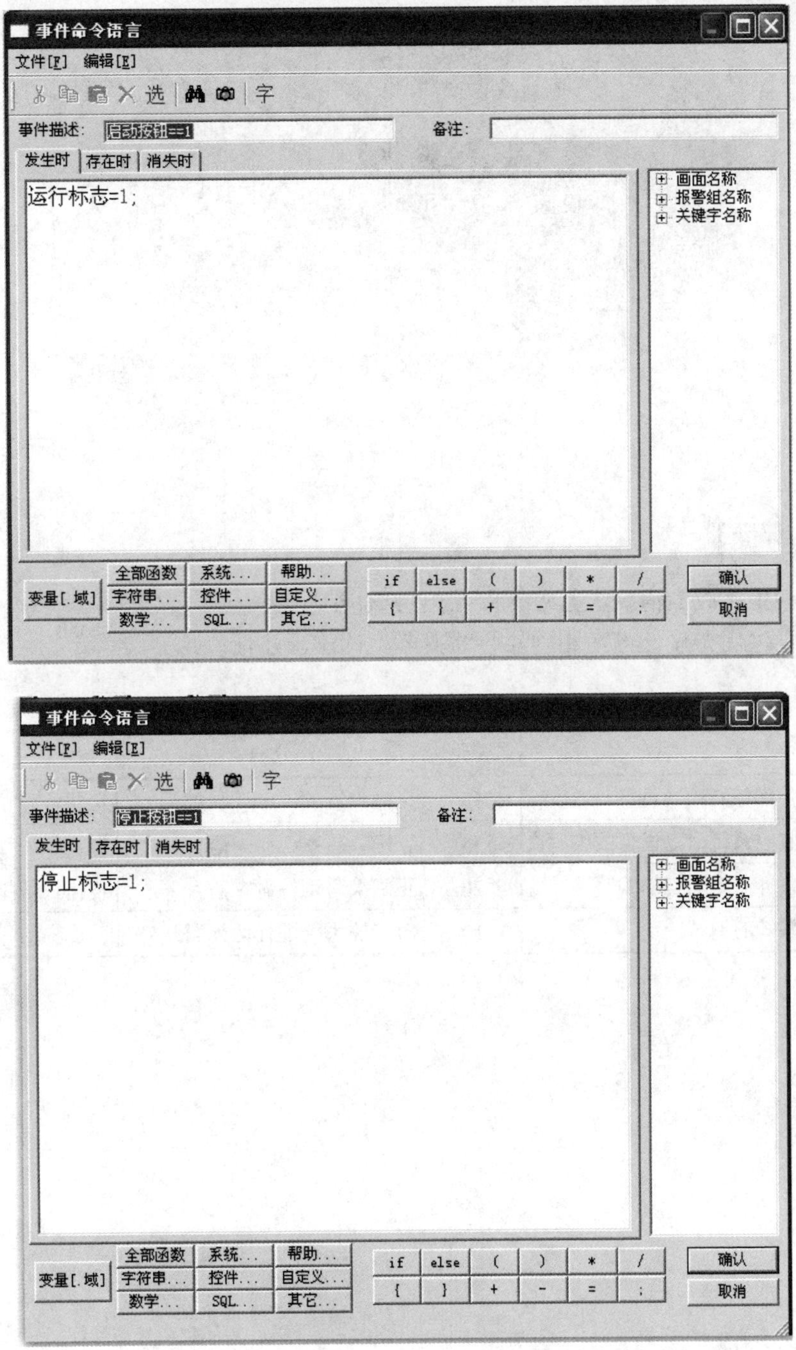

图 5.2.10 事件命令语言

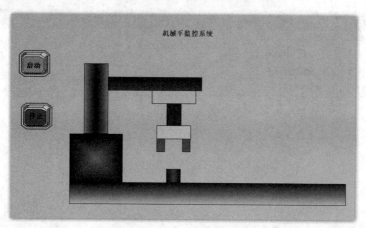

图 5.2.11　运行时画面

【任务检查与评价】

1. 结合学生完成的情况进行点评并给出考核成绩，评分标准如表 5-2 所示。
2. 展示学生优秀设计方案和程序，激发学生的学习热情。

表 5-2　考核评分标准

项目	内容	满分	评分要求	备注
机械手监控系统的命令语言的编写	各部件的动画设置	35	正确设置各部分动画效果	每错一步扣除 5 分
	监控系统命令语言的编写	35	正确编写系统命令语言	每错一处扣除 2 分
	事件命令语言的编写	20	正确编写事件命令语言	每错一处扣除 2 分
	系统的调试	10	对监控系统进行运行调试	

6

四层电梯监控系统的设计

【项目导读】

任务一　四层电梯控制系统的设计

利用 PLC 对四层电梯的控制系统进行设计，编写四层电梯控制系统的梯形图。

任务二　四层电梯监控系统的设计

编写四层电梯组态监控画面，并实现与西门子 S7-200 连接控制。

【学习目标】

了解"组态王"软件和西门子 S7-200 的功能原理，掌握会"组态王"软件和西门子 S7-200 的应用。

【建议课时】

24 课时。

任务一　四层电梯控制系统的设计

【任务描述】

利用西门子 S7-200 编写四层电梯控制系统程序。

任务要求：

（1）利用 PLC（S7-200）及电梯模型组建电梯控制系统的硬件。

（2）利用 STEP7 编制电梯控制程序梯形图。

【相关知识】

PLC 编程、梯形图等相关知识。

【任务实施】

根据任务分析，首先应该了解电梯的构造和工作原理，弄明白电梯的电气部分主要元器件的作用，列出电梯正常工作时，控制系统应该满足的要求，以此估算输入输出点数和编址，选择所用 PLC 的型号，结合电梯模型组建硬件。

其次，根据电梯的运行原则，画出流程图，然后使用 STEP7 软件编写电梯控制程序的 LAD 图，程序梯形图完成后，进行调试与修改。

接下来，使用"组态王"（Kingview）软件，建立电梯的远程监控系统，完成后再结合程序与电梯模型进行反复调试和修改，直至顺利达到设计要求任务，表示设计的完成。

一、电梯的运行原则

（1）电梯刚开启时，初始化使之回到一楼，并初始化各项数据；

（2）在电梯运行过程中，只响应顺向外呼叫，不响应反向外呼叫，只在无同向呼叫信号时才响应反向呼叫；

（3）电梯运行方向由内呼叫信号决定，顺向时优先执行；

（4）内外呼叫信号都具有记忆保持，执行后解除；

（5）内外呼叫信号、运行方向以及行进中的楼层均由信号灯指示；

（6）到达某一楼层经短暂延时后可自动或手动开门，超重报警时不能进行自动或手动关门，关门过程中，有本层顺向外呼叫信号时响应开门；

（7）电梯上下行时不能手动开关门，开门时不能上下行；

（8）电梯应当具有最远反向外呼叫响应功能，比如，电梯轿厢在一楼，而同时有二层向下外呼叫信号、四层向下外呼叫信号，则电梯轿厢先去四楼响应四层向下外呼叫信号。

根据电梯运行原则，可以列出电梯控制系统的流程图，并进行程序的编写。

二、PLC 选型及输入输出符号表

电梯系统电气部分的主要组成就是电机拖动、信号元件以及轿内和外部的控制按扭，设计中根据这些给出的信息可以了解控制对象的特点，从而确定有关的 PLC 输入、输出点的选择。

（1）输入信号

首先要确定 PLC 的输入，根据电梯控制的特点，输入点应该包括轿内及各层门厅控制按钮，主要有轿内的楼层选择数字键 1-4，各层门厅外呼叫按钮中，除一层只设置上升按钮，四层只设置下降按钮外，二三层均设置上升和下降两个按钮。各层均应有一个限位器输入，然后还有开关门及其限位，最后还要有超重检测，共计 19 个输入量。

（2）输出信号

输出时，4 个内呼叫信号和 6 个外呼叫信号都需要有指示灯，显示其按钮是否被按下及是否被响应，还要各楼层是否达到的数码显示，以及电梯上下行、开关门继电器的控制，和到位音响、超重报警。总计有 20 个输出量。

因此根据控制要求，PLC 控制系统选用西门子公司 S7-200 系列 CPU224，加上几个扩展模块，可以满足电梯对电气控制系统的要求。小型 PLC 系统由主机（主机箱）、I/O 扩展单元、文本/图形显示器、编程器等组成。其中 CPU224 型 PLC 的主机外形结构如图 6.1.1 所示。

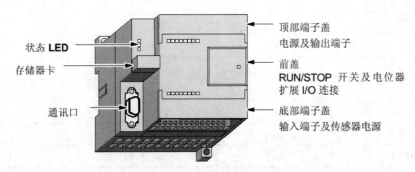

图 6.1.1　CPU224 型 PLC 的主机外形结构

CPU226cn 型 PLC 主机箱体外部设有 RS-485 通信接口，用以连接编程器（手持式或 PC 机）、文本/图形显示器、PLC 网络等外部设备，还设有工作方式开关、模拟电位器、I/O 扩展接口、工作状态指示和用户程序存储卡、I/O 接线端子排及发光指示等。CPU226cn 外部电路接线电路图如图 6.1.2 所示。

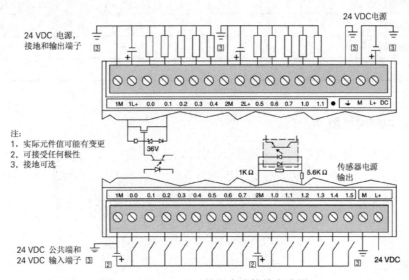

图 6.1.2　CPU226cn 外部电路接线电路图

通过以上分析，确定输入输出量的地址，如表 6-1 所示。

表 6-1 输入输出地址分配

符号	地址	符号	地址
四层下	I5.1	二层上灯	Q5.3
三层上	I5.2	二层下灯	Q5.4
三层下	I5.3	三层上灯	Q5.5
二层上	I5.4	三层下灯	Q5.6
二层下	I5.5	四层下灯	Q5.7
一层上	I5.6	内叫一层灯	Q6.0
一层限位	I5.7	内叫二层灯	Q6.1
二层限位	I6.0	内叫三层灯	Q6.2
三层限位	I6.1	内叫四层灯	Q6.3
四层限位	I6.2	超重报警	Q6.4
内叫一层	I6.3	一楼数码显示	Q6.5
内叫二层	I6.4	二楼数码显示	Q6.6
内叫三层	I6.5	三楼数码显示	Q6.7
内叫四层	I6.6	四楼数码显示	Q7.0
开门	I6.7	电梯上行	Q7.1
关门	I7.0	电梯下行	Q7.2
开门限位	I7.1	开门继电器	Q7.3
关门限位	I7.2	关门继电器	Q7.4
超重检测	I7.3	到位音响	Q7.5
一层上灯	Q5.2		

三、电梯控制流程图

根据设计要求，确定电梯控制流程图，如图 6.1.3 所示。

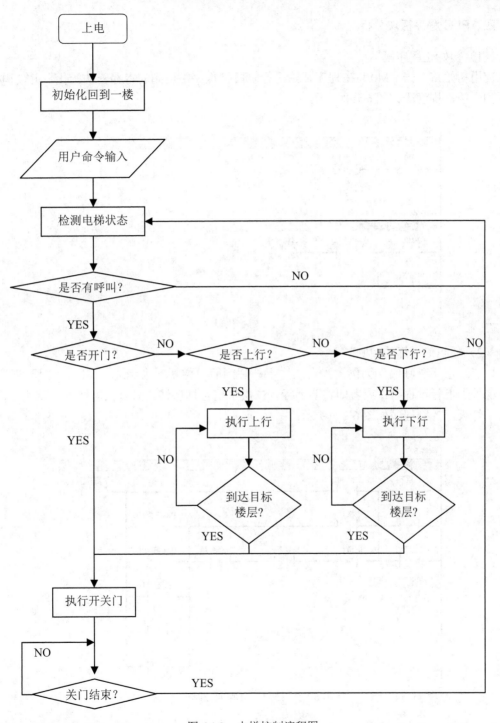

图 6.1.3　电梯控制流程图

四、PLC 程序板块分析

（1）初始化程序段

使用初始寄存器 SM0.1 在程序开始运行阶段把程序中用到的寄存器初始化，并使电梯轿厢回到一楼，程度段如图 6.1.4 所示。

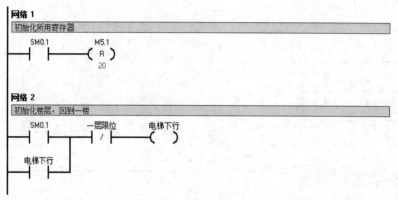

图 6.1.4　初始化程序段

（2）呼叫信号灯的控制

以"二层下外呼叫"为例，当有二层下外呼叫而电梯轿厢未到达二层时，二层下灯亮；或电梯处于上行过程中，或者即将要上行，二层下信号灯保持。只有在电梯下行到达二楼时，二层下灯灭，控制程序如图 6.1.5 所示。

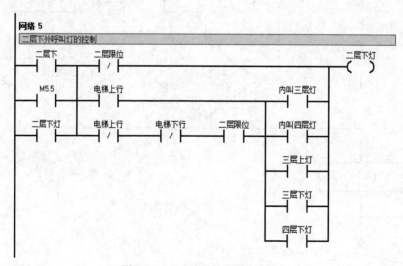

图 6.1.5　二层下外呼叫控制程序

（3）超重检测

检测到超重时，超重报警立即反应，发出报警信号。程序如图 6.1.6 所示。

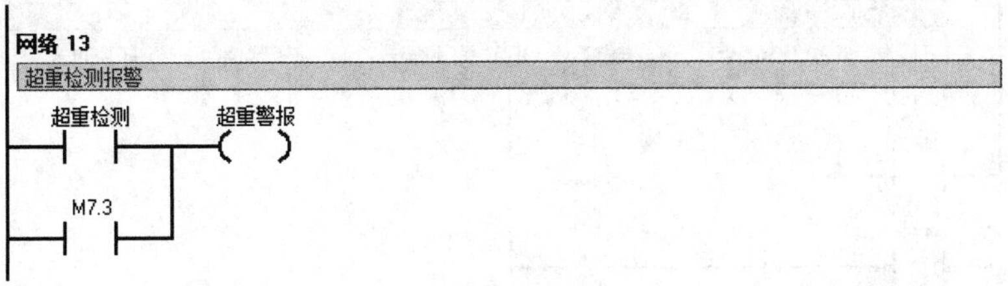

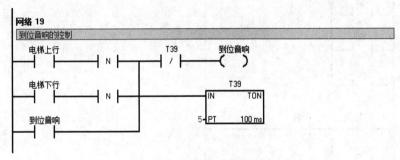

图 6.1.6　起重检测程序

在到达某一楼层时到位音响发出声音，持续短暂的 0.5 秒。在程序中，是使用了电梯上行（Q7.1）或下行（Q7.2）的下降沿来触发到位音响及定时器，定时器计时 0.5s 即断开音响。程序如图 6.1.7 所示。

图 6.1.7　到位音响控制程序

（4）开关门程序

满足开门条件时，触发开门继电器开门。门开到位，开门限位断开，停止开门。开门条件有：满足条件自动开门，到达楼层手动开门，到达某一楼层时该楼层有外呼叫信号开门。自动开门是使用各个呼叫信号灯的下降沿来触发开门延时定时器，延时 2s 来实现的，程序如图 6.1.8 所示。

满足关门条件时，触发关门继电器开门。门关到位，关门限位断开，停止关门。关门条件有：自动关门和手动关门。自动关门条件是延时关门定时器计时 4s 时关门，手动关门是在轿厢停在某一楼层时可以进行手动关门。关门过程中，若有超重报警信号，或者正在开门，则不能关门。程序如图 6.1.9 所示。

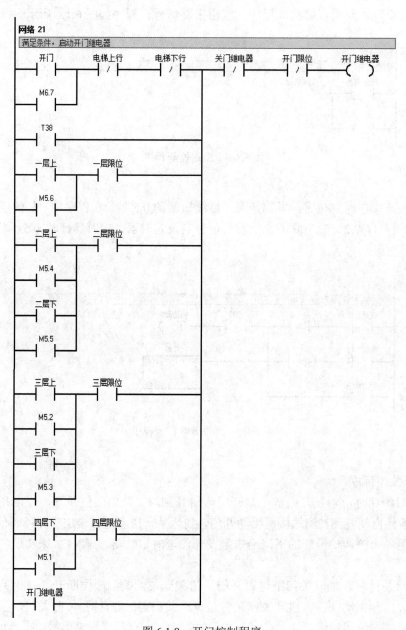

图 6.1.8　开门控制程序

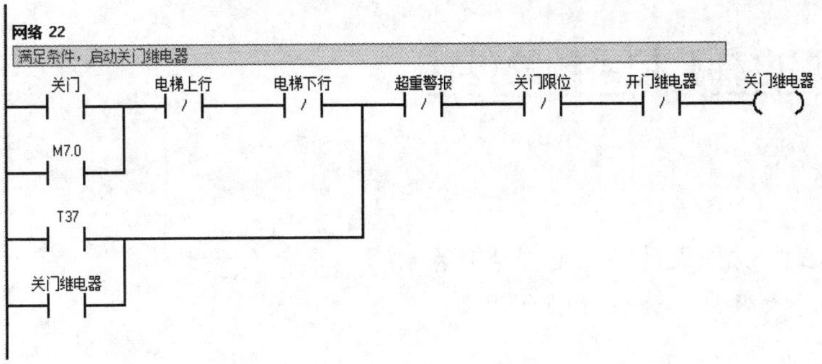

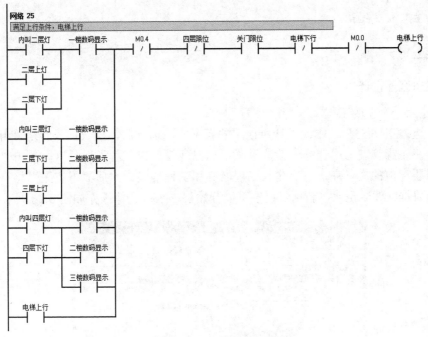

图 6.1.9　关门控制程序

（5）上下行控制程序

满足上行条件时，电梯轿厢执行上行。上行条件是，有二楼呼叫（包括内呼和外呼）时，轿厢在一楼；或有三楼呼叫时，轿厢在一楼或二楼；或有四楼呼叫时，轿厢在一楼或二楼或三楼，同时，电梯门已关到位，且不处于下行或即将下行或开门状态，控制程序如图 6.1.10 所示。

图 6.1.10　上行控制程序

【任务检查与评价】

1．结合学生完成的情况进行点评并给出考核成绩。

2．展示学生制作的电梯控制系统设计方案和程序，激发学生的学习热情。

任务二 四层电梯监控系统的设计

【任务描述】

利用"组态王"软件设计四层电梯监控系统。

建立应用程序大致可分为以下四个步骤：

（1）设计图形界面

（2）构造数据库

（3）建立动画连接

（4）运行和调试

这四个步骤并不是各自独立的，而常常是交错进行的。

【相关知识】

"组态王"相关知识

【任务实施】

一、组态画面设计

（1）建立一个新的工程

启动"组态王 6.55"（本次设计所使用的版本），运行后，默认打开的是"组态王"工程管理器。在工程管理器中选择"新建"菜单，出现"新建工程"对话框。单击"浏览"按钮，选择想要存放的文件夹，之后输入工程名称和工程描述，然后"组态王"将在工程路径下生成初始数据文件。至此，新项目已经可以开始建立了。具体操作如图 6.2.1 所示。

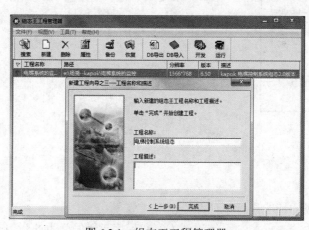

图 6.2.1 组态王工程管理器

这之后，"组态王"已自动指定工程路径为当前目录下以工程名称命名的子目录，单击"是"按钮，就完成了新建工程。

（2）建立新画面并绘制各种图素

在工程浏览器中左侧的树形视图中选择选择"画面"选项，在右侧视图中双击"新建"图标。在"新画面"对话框设置中可以自己随意指定大小所示，之后单击"确定"按钮。

建立了新的画面之后，就需要绘制电梯监控系统的基本画面了，其中包括四层电梯楼层的主体图素、各层电梯门、楼层数码显示、上下行显示、各种操控按钮以及超重报警指示灯等图素。绘制过程中，工具栏里有很多常用的，例如工具箱、调色板，还有图库里面很多样板图素可以使用。绘制过程不再赘述，最终绘制画面如图6.2.2所示。

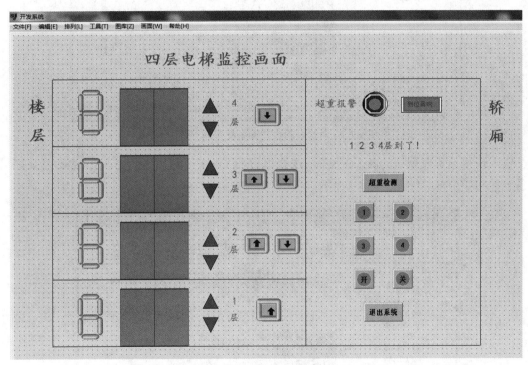

图 6.2.2　组态王监控画面

（3）定义外部设备

"组态王"把那些需要与之交换数据的设备或程序都作为外部设备，包括：下位机（PLC、仪表、板卡等），它们一般通过串行口和上位机交流数据；其他 Windows 应用程序，它们之间一般通过 DDE 交换数据；外部设备还包括网络上的其他计算机。只有在定义了外部设备之后，"组态王"才能通过 I/O 变量和它们交换数据。

如何定义外部设备呢？首先，在"组态王"工程浏览器左侧选"COM1"，在右侧双击"新建"图标，运行"设置配置向导"。选择 PLC/西门子/S7-200 系列/PPI，如图6.2.3所示。

图 6.2.3　电梯控制系统设备配置向导（一）

　　键入设备名称或默认为新 I/O 设备，选择串口"COM1"，输入地址 2，通信参数默认即可，设备安装向导信息总结如图 6.2.4 所示。

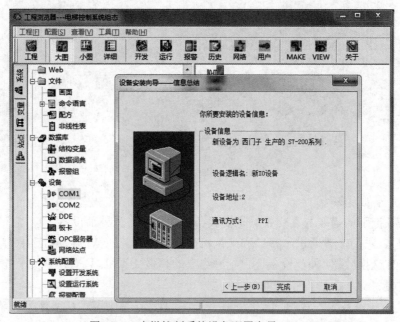

图 6.2.4　电梯控制系统设备配置向导（二）

（4）定义变量

从下位机采集来的数据发送给下位机的指令，比如"内叫一层按钮"、"开门按钮"等变量，都需要设置成"I/O变量"。I/O离散变量类似一般程序设计语言中的布尔（BOOL）变量，只有0，1两种取值，用于表示一些开关量。

那些不需要和其他应用程序交换只在"组态王"内需要的变量，比如计算过程的中间变量，就可以设置成"内存变量"。内存整型变量：类似一般程序设计语言中的有符号长整数型变量，用于表示带符号的整型数据，取值范围为 -2147483648～2147483647。

具体定义方法为，在左侧树形视图中选择"数据词典"，在右侧双击"新建"图标，然后在这个变量定义对话框中输入变量名，按照本节所述，判断并选择变量类型。若是按钮输入或输出量，则为I/O离散，连接设备选择刚定义过的新I/O设备，如图6.2.5所示。

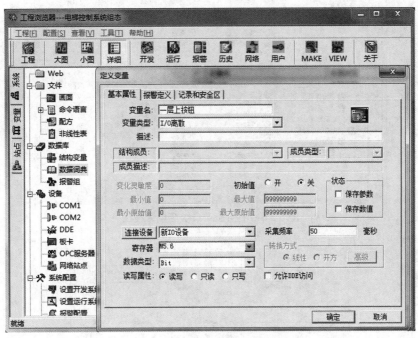

图6.2.5　电梯控制系统变量定义向导

由于需要定义的变量较多，但方法相同，此处不再一一举例，定义最终结果如图 6.2.6 所示。

（5）画面的动画连接

动画连接的目的是为了让图素动起来，从而达到检测和控制的要求。具体操作如下。

数码管是用立体管道画出来的，动画连接设置时，哪些数字的显示需要哪些小段点亮，应对每一小段分别设置，如图6.2.7所示。

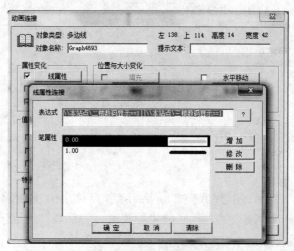

图 6.2.6　电梯控制系统变量管理图

图 6.2.7　电梯控制系统动画连接向导（一）

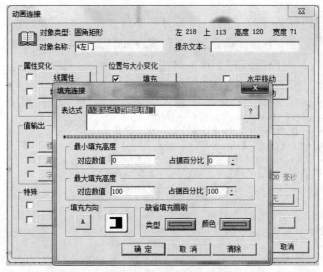

开关门的填充动画定义如图 6.2.8 所示。

图 6.2.8　电梯控制系统动画连接向导（二）

对门的开关移动的命令语言如图 6.2.9 所示。

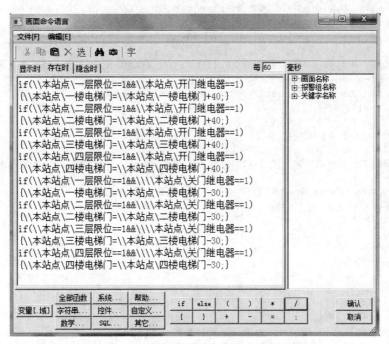

图 6.2.9　电梯控制系统命令语言编程器图

退出系统按钮的命令语言为："Exit(0);"。

二、应用程序命令

本程序初始化时电梯处于第一层，并开门等待乘客；有内选或呼梯时，启动轿厢前往目标层，能够实现顺向截梯，当条件满足时，反向截梯成功。开门后，延时 3 秒，使得乘客从容进出；在第 2、3 层时，关门后延时 3 秒，等待内选信号；若无任何内选、呼梯信号将前往第一层，并开门，防止有醉酒等情况的乘客困于电梯中。

```
if((DN4==1||DN3==1||DN2==1||UN2==1||UN3==1||SN2==1||SN3==1||SN4==1)&&FM1>0&&F1>0)
{FM1=FM1-10;UPN=1;DOWNN=0;F5=0;} // 响应呼梯、内选;
if(J 轿厢==33&&(UN2==1||SN2==1)||(DN2==1&&UN3==0&&SN3==0
&&SN4==0&&DN3==0&&DN4==0)&&UPN==1)
{if(FM2<=50&&F2==0){FM2=FM2+10;}if(F2>10){FM2=FM2-10;if(FM2==0){F2=0;UN2=0;SN2=0;if(DN2==1&&UN3=
=0&&SN3==0&&SN4==0&&DN3==0&&DN4==0){DN2=0;}}}}//上升过程中，判断轿厢是否停留，及消除相应登记信号;
if(J 轿厢==33&&FM2==0&&UN3==0&&SN3==0&&SN4==0&&DN3==0
&&DN4==0)
{DOWNN=1;UPN=0;}//判断轿厢启动后运行方向;
if(J 轿厢==66&&(UN3==1||SN3==1)||(DN3==1&&SN4==0&&DN4==0)&&UP
N==1)
{if(FM3<=50&&F3==0){FM3=FM3+10;}if(F3>10){FM3=FM3-10;if(FM3==0){F3=0;UN3=0;SN3=0;if(DN3==1&&SN4==
=0&&DN4==0){DN3=0;}}}}
if(J 轿厢==66&&FM3==0&&SN4==0&&DN4==0)
{DOWNN=1;UPN=0;}
if(J 轿厢==99)//在第四层，轿厢关门后直接下降;
{if(FM4<=50&&F4==0){FM4=FM4+10;}if(F4>10){FM4=FM4-10;if(FM4==0){F4=0;SN4=0;DN4=0;DOWNN=1;UPN=0;
J 轿厢=J 轿厢-3;F5=0;F6=0;}}}
if(J 轿厢==66&&(DN3==1||SN3==1)||(UN3==1&&SN1==0&&SN2==0&&UN1
==0&&UN2==0&&DN2==0)&&DOWNN==1) //下降过程中，判断轿厢是否停留，及消除相应登记信号;
{if(FM3<=50&&F3==0){FM3=FM3+10;}if(F3>10){FM3=FM3-10;if(FM3==0){F3=0;DN3=0;SN3=0;if(UN3==1&&SN1=
=0&&SN2==0&&UN1==0&&UN2==0&&DN2==0){UN3=0;}}}}
if(J 轿厢==66&&FM3==0&&SN1==0&&SN2==0&&UN1==0&&UN2==0&&D
N2==0&&(SN4==1||DN4==1))
{DOWNN=0;UPN=1;}
if(J 轿厢==33&&(DN2==1||SN2==1)||(UN2==1&&SN1==0&&UN1==0)&&DO
WNN==1)
{if(FM2<=50&&F2==0){FM2=FM2+10;}if(F2>10){FM2=FM2-10;if(FM2==0){F2=0;DN2=0;SN2=0;if(UN2==1&&SN1=
=0&&UN1==0){UN2=0;}}}}
if(J 轿厢==33&&FM2==0&&SN1==0&&UN1==0&&((SN4==1||DN4==1)||(SN
3==1||DN3==1||UN3==1)))
{DOWNN=0;UPN=1;}
if(J 轿厢==0)
{if(FM1<=50&&F1==0){FM1=FM1+10;}if(FM1==0){SN1=0;UN1=0;}}
if(J 轿厢>0){F1=0;}
if(J 轿厢<33){L1=1;L2=0;L3=0;L4=0;}
if(J 轿厢<66&&J 轿厢>=33){L2=1;L1=0;L3=0;L4=0;}
if(J 轿厢<99&&J 轿厢>=66){L3=1;L2=0;L1=0;L4=0;}
if(J 轿厢==99){L4=1;L3=0;L2=0;L1=0;}//楼层显示
if(((J 轿厢==66&&FM3==0)||(J 轿厢==33&&FM2==0))&&(F6>2||F5>0)&&(SN
1==0&&SN2==0&&SN3==0&&SN4==0))
{F6=0;F5=F5+1;}//实现关门后延时等待内选，F6 是为了区别是刚到达开门瞬间，还是门开过再关上而设的变量;
if(F2>0||F3>0){F6=F6+1;}
```

```
if(F5>10){F5=0;}
if(SN1==1||SN2==1||SN3==1||SN4==1){F5=0;}//有内选信号后不再等待, 启动轿厢
if(FM1==0&&FM2==0&&FM3==0&&FM4==0&&UPN==1&&F5==0)
{J 轿厢=J 轿厢+3;}//所有的门都关闭, 且没有处在计时过程中, 上升条件满足, 轿厢上升;
if(FM1==0&&FM2==0&&FM3==0&&FM4==0&&DOWNN==1&&F5==0)
{J 轿厢=J 轿厢-3;}//所有的门都关闭, 且没有处在计时过程中, 下降条件满足, 轿厢下降;
```

三、程序与组态的运行与调试

画面完成后单击菜单栏的"全部存"进行保存, 然后单击"切换到 VIEW", 然后选择对象"打开", 进入运行状态, 进行操作, 然后根据要求看是否能实现监控功能, 不能完全实现的话, 再进行进一步的调试与修改。

（1）监视功能的实现与调试

将程序编译并下载到 PLC, 通过实物实地操作观察组态画面的动作显示是否正确。如果不正确就从定义、设置及命令语言等方面逐一排查, 直至运行成功。

（2）远程操控的实现与调试

实地不再进行操作, 通过运行状态下的组态画面上的按钮进行远程控制, 观察实物的动作是否正确。如果不正确, 应从变量定义、动画连接的设置及命令语言等方面进行排查, 直至成功。

系统运行到三楼的画面如图 6.2.10 所示。

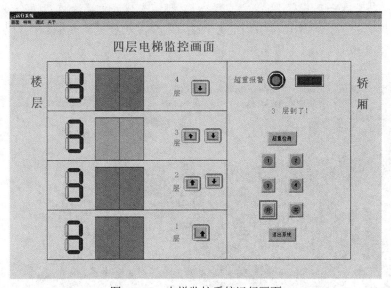

图 6.2.10　电梯监控系统运行画面

【任务检查与评价】

1. 结合学生完成的情况进行点评并给出考核成绩。
2. 展示学生制作的电梯监控系统设计方案和程序, 激发学生的学习热情。

7 光伏发电组态监控系统设计

【项目导读】

2007 年，中国第一套具有"追日"功能的太阳能光伏发电系统在奥运会沙滩排球场正式并网发电。由江苏中盛光电集团提供的这套"追日型"太阳能光伏发电系统，为绿色奥运增添了新的亮点，其图像如图 7.1.1 所示。

图 7.1.1　"追日型"太阳能光伏发电系统

该套太阳能发电系统的太阳能组件位于沙滩排球馆的东北角，长11米、宽7米，可以远程遥控，随着太阳的旋转，其阳光板组件可以实现270度上下、左右旋转，因而其发电功率比一般的太阳能系统提高了35%以上，是当时全世界转换效率最高的太阳能发电系统。该套系统平均每小时可发电11千瓦，一年可为奥运场馆供电近5万千瓦时，并可连续运作25年以上。

太阳能光伏发电产品主要用于三大方面：一是为无电场合提供电源，如为广大无电地区居民生活生产提供电力、为通讯中继站提供电力等；二是太阳能光伏日用电子产品，如各类太阳能充电器、太阳能路灯、太阳能草地灯等各种照明灯具；三是并网光伏发电系统。

价格和能效已成为太阳能利用过程中面临的主要问题，推广应用"追日型"光伏发电系统，是解决产业链中硅材料价格和太阳能利用率之间矛盾的一个有效途径。在不断降低硅材料使用量的同时，进一步提高光电池本身的转化效率和相对廉价的阳光收集装置的收集效率，是目前科技界和企业界关注的热点，而"追日型"光伏发电系统的应用使这些问题得到了较好的解决。

基于此，本项目将学习计算机远程控制方法，即组态软件的使用方法，通过设计的组态软件人机交互界面与下位机PLC通信，控制"追日"电机的运转。

任务一　光伏发电远程控制系统设计
任务二　光伏发电运行监控系统设计

【学习目标】

本项目我们通过光伏发电追日电机的组态控制来学习组态软件，以及组态软件与下位机PLC通信实现远程控制的方法，其中涉及了组态软件的认知、组态软件的安装与基本操作技能，以及组态软件与下位机的通信设置方法。

【建议课时】

20学时

任务一　光伏发电远程控制系统设计

【任务描述】

"追日型"光伏发电系统可分为单轴和双轴跟踪系统。单轴跟踪系统以东西方向跟踪，以南北轴做东西向水平转动，光伏阵列只有一个自由度的转动。双轴跟踪系统的光伏阵列有两个旋转自由度，可精确追踪日光，保证光线垂直照射光伏阵列。

太阳能光伏并网发电双轴伺服系统是一个机电系统，将光伏组件固定在系统结构的上部。系统可以绕一轴沿东西方向旋转240°（也称方位角跟踪），同时可沿另外一轴调整倾斜角度（也称高度角跟踪），使光伏组件始终正对太阳，从而提高光的利用率。两轴跟踪控制系统的控制原理是基于太阳和地球之间的天文运动规律，通过建立相应的数学模型来计算某一地点某一时刻的太阳光线位置，然后通过 PLC 程序来控制两个传动机构运动，使太阳能电池组件始终正对太阳光线。

本项目将学习上位机组态软件的设计与设置方法，包括界面设计以及与下位机 PLC 的通信设置方法，结合已掌握的 PLC 程序设计技能，编制 PLC 程序，实现通过上位机远程控制"追日"电机的功能。本项目的目标是设计简单的组态软件界面，通过交互界面的按钮与 PLC 通信，控制"追日"电机。

【相关知识】

一、力控组态软件概述

（1）力控组态软件

力控监控组态软件是对现场生产数据进行采集与过程控制的专用软件，最大的特点是能以灵活多样的"组态方式"而不是编程方式来进行系统集成，它提供了良好的用户开发界面和简捷的工程实现方法，只要将其预设置的各种软件模块进行简单的"组态"，便可以非常容易地实现和完成监控层的各项功能，缩短了自动化工程师的系统集成时间，大大地提高了集成效率。

力控监控组态软件是在自动控制系统监控层一级的软件平台，它能同时和国内外各种工业控制厂家的设备进行网络通讯，它可以与高可靠的工控计算机和网络系统结合，可以达到集中管理和监控的目的，同时还可以方便地向控制层和管理层提供软、硬件的全部接口来实现与"第三方"的软、硬件系统进行集成。

力控 ForceControl 6.1 工业监控组态软件是北京三维力控科技有限公司根据当前的自动化技术的发展趋势，总结多年的开发、实践经验和大量的用户需求而设计开发的高端自动化软件产品，该产品主要定位于国内高端 HMI/SCADA 自动化市场及应用，是企业信息化的有力数据处理平台。图 7.1.2 所示为组态系统。

（2）软件基本结构

力控监控组态软件基本的程序及组件包括：工程管理器、人机界面 VIEW、实时数据库 DB、I/O 驱动程序、控制策略生成器以及各种数据服务及扩展组件，其中实时数据库是系统的核心，图 7.1.3 为组态软件结构图。

主要的各种组件说明见下：

1）工程管理器（Project Manager）

工程管理器用于工程管理包括用于创建、删除、备份、恢复、选择工程等。

2）开发系统（Draw）

开发系统是一个集成环境，可以完成创建工程画面、配置各种系统参数、脚本、动画、启动力控其他程序组件等功能。

3）界面运行系统（View）

界面运行系统用来运行由开发系统 Draw 创建的画面，脚本、动画连接等工程，操作人员通过它来实现实时监控。

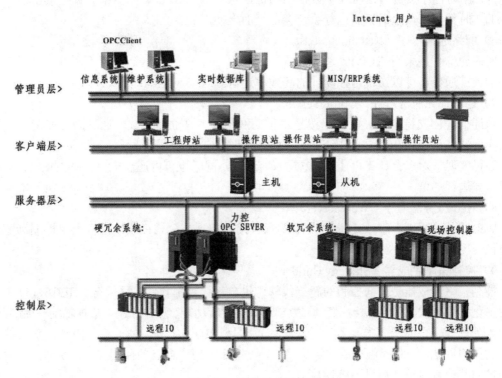

图 7.1.2　组态系统结构图

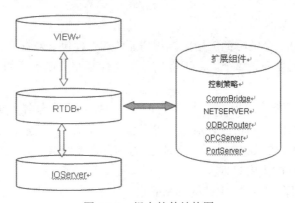

图 7.1.3　组态软件结构图

4）实时数据库（DB）

实时数据库是力控软件系统的数据处理核心，构建分布式应用系统的基础，它负责实时数据处理、历史数据存储、统计数据处理、报警处理、数据服务请求处理等。

5）I/O 驱动程序（I/O Server）

I/O 驱动程序负责力控与控制设备的通信，它将 I/O 设备寄存器中的数据读出后，传到力控的实时数据库，最后界面运行系统会在画面上动态显示。

6）网络通信程序（NetClient/NetServer）

网络通信程序采用 TCP/IP 通信协议，可利用 Intranet/Internet 实现不同网络节点上力控之间的数据通信，可以实现力控软件的高效率通信。

7）远程通讯服务程序（CommServer）

该通信程序支持串口、电台、拨号、移动网络等多种通信方式，通过力控在两台计算机之间实现通信，使用 RS232C 接口，可实现一对一（1:1 方式）地通信；如果使用 RS485 总线，还可实现一对多台计算机（1:N 方式）地通信，同时也可以通过电台、MODEM、移动网络的方式进行通信。

8）Web 服务器程序（Web Server）

Web 服务器程序可为处在世界各地的远程用户实现在台式机或便携机上用标准浏览器实时监控现场的生产过程。

9）控制策略生成器（Strategy Builder）

控制策略生成器是面向控制的新一代软逻辑自动化控制软件，采用符合 IEC61131-3 标准的图形化编程方式，提供包括：变量、数学运算、逻辑功能、程序控制、常规功能、控制回路、数字点处理等在内的十几类基本运算块，内置常规 PID、比值控制、开关控制、斜坡控制等丰富的控制算法。同时提供开放的算法接口，可以嵌入用户自己的控制程序。控制策略生成器与力控的其他程序组件可以无缝连接。

二、力控组态软件的基本操作

（1）启动工程管理器

对于力控软件，每一个实际的应用案例称作工程。工程包含数据库、I/O 设备、人机界面、网络应用等组态和运行数据。每个力控工程的数据文件都存放在不同的目录下，这个目录又包含多个子目录和文件。

对于力控用户，可能同时保存多个力控工程。力控工程管理器实现了对多个力控工程的集中管理。工程管理器的主要功能包括：新建工程、删除工程，搜索指定路径下的所有力控工程，修改工程属性，工程的备份、恢复，切换到力控开发系统或运行系统等。工程管理器还实现了力控常用工具软件的集中管理。

选择"开始"/"程序"/"力控 ForceControl 6.1"/"力控 ForceControl 6.1"，启动力控工程管理器，如图 7.1.4 所示。

窗口从上至下包括：菜单栏、工具栏、工程列表显示区、属性页标签等部分。其中单击属性页标签可以在三个属性页窗口：工程管理、工具列表、网络中心之间进行切换。

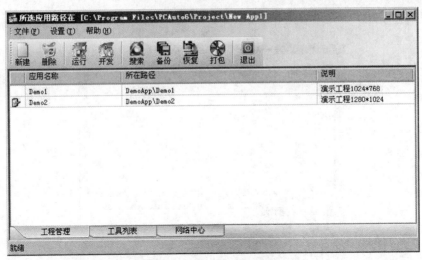

图 7.1.4　工程管理器窗口

在工程管理器窗口中可实现工程的新建、删除、备份等管理，如图 7.1.5 所示。工程管理的常用操作可通过工具栏来维护。

图 7.1.5　工程管理器工具栏

1）新建：新添加一个工程应用。

2）删除：删除已存在的工程应用。

3）运行：对于已选择的工程应用，进入运行系统。

4）开发：对于已选择的工程应用，进入开发系统。

5）搜索：查找已有的工程应用。

6）备份：将已选择的工程数据文件压缩成一个备份文件，扩展名为.pcz。

7）恢复：与备份的功能相对应，将备份的工程压缩文件进行解压并恢复为原始工程。

8）打包：制作安装包。用于将当前版本的力控运行系统及当前工程制作成安装程序，以便随时安装运行系统及当前工程。

9）退出：退出工程管理器。

（2）新建工程

选择菜单"文件/新建应用"选项或工具条"新建"按钮后，弹出"新建工程"对话框，如图 7.1.6 所示。

对话框各选项说明如下：

1）项目类型。在此窗口中提供许多行业的示例工程，当选中其中某个工程后，那么此时新建的工程就会以此工程为模板来建立新工程。

图 7.1.6 "新建工程"对话框

2）项目名称。在"项目名称"文本框中输入新建工程的名称。

3）生成路径。此项指定新建工程的工作目录，如果指定的目录不存在，工程管理器会自动创建该目录。

4）描述信息。在描述信息中输入对新建工程的说明文本。单击"确定"按钮确认新建的工程，完成新建工程操作。单击"取消"按钮退出新建工程对话框。

（3）力控文件说明

力控软件默认的工程路径在"C:\Program Files\PCAuto6\Project"目录下，在工程文件夹下存放了工程生成的各种文件及文件夹。存放的文件说明如下：

应用路径\doc，存放画面组态数据。

应用路径\logic，存放控制策略组态数据。

应用路径\http，存放要在 Web 上发布的画面及有关数据。

应用路径\sql，存放组态的 SQL 连接信息。

应用路径\recipe，存放配方组态数据。

应用路径\sys，存放所有脚本动作、中间变量、系统配置信息。

应用路径\db，存放数据库组态信息，包括点名列表、报警和趋势的组态信息、数据连接信息等。

应用路径\menu，存放自定义菜单组态数据。

应用路径\bmp，存放应用中使用的.bmp、.jpg、.gif 等图片。

应用路径\db\dat，存放历史数据文件。

三、力控组态工程的开发方法

力控软件分为开发系统和运行系统。开发系统（Draw）是一个集成的开发环境，可以创建工程画面、分析曲线、报表生成，定义变量、编制动作脚本等，同时可以配置各种系统参数，启动力控其他程序组件等。我们说的"组态"就在这里完成，运行系统执行在开发系统中开发完的工程，完成计算机监控的过程。

工程项目开发人员可以在开发环境中完成监控界面的设计、动画连接的定义、数据库组态等，开发系统管理了力控的多个组件如 DB、IO、HMI、NET 等的配置信息。力控软件开发系统可以方便的生成各种复杂生动的画面，可以逼真地反映现场数据。

（1）开发环境

进入开发系统后出现如图 7.1.7 的窗口界面。

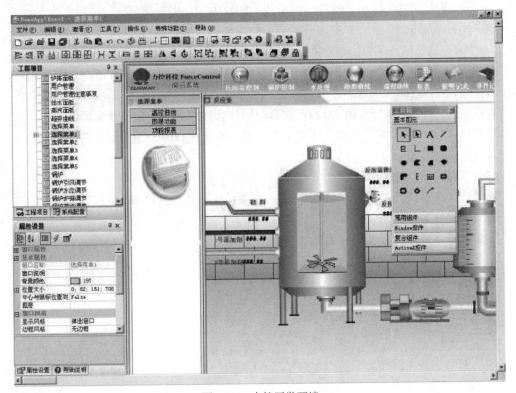

图 7.1.7　力控开发环境

开发界面分别由主菜单、工具条、工具箱、状态栏及工程项目、系统配置、属性设置、帮助说明八个区域组成。

1）菜单栏

菜单栏包含了所有力控的操作命令，在这里我们不做过多的解释。

2）常用工具栏

如图 7.1.8 所示是力控的常用工具栏。

图 7.1.8　常用工具栏

常用工具栏的说明如下：

"文件[F]/新建[N]"选项：创建一个新窗口。

"文件[F]/打开[O]"选项：打开一个已创建窗口。

"文件[F]/关闭[C]"选项：关闭一个已创建窗口。

"文件[F]/保存[S]"选项：保存一个窗口内容到文件中。

"文件[F]/全部保存"选项：保存所有窗口内容到文件中。

"编辑[E]/剪切[T]"选项：清除当前所选中的对象，并把它拷贝到剪贴板上。

"编辑[E]/复制[C]"选项：把当前所选中的对象拷贝到剪贴板上。

"编辑[E]/粘贴[P]"选项：把剪贴板中的内容粘贴到窗口中。

"编辑[E]/撤销[U]"选项：撤销上一步执行的命令。

"编辑[E]/重复[R]"选项：当撤销任务后重复执行该命令。

"文件[F]/重新编译"选项：对当前窗口的动作脚本和相关变量进行重新编译。

"文件[F]/全部重新编译"选项：对工程中的所有动作脚本和相关变量进行重新编译。

显示或隐藏滚动条。

显示或隐藏网格。

执行"文件[F]/进入运行"命令，从开发系统中进入运行系统。

进入全屏显示状态。

恢复开发环境的各工具栏为默认初始位置。

显示工程项目导航栏。

显示系统配置导航栏。

显示属性设置导航栏。

显示工具箱。

3）工具箱

图 7.1.9 是力控工具箱，它是力控应用最多的部件之一。工具箱由基本图元、常用组件、Window 控件、复合组件和 ActiveX 控件组成。

基本图元面板中包含对象选择工具、区域选择工具、文本、线、多折线、垂直水平线、矩形、椭圆、多边形、饼、立体管道、刻度条、增强型按钮等基本图元，可以用它们开发出多种图形控件。

常用组件包含位图、实时趋势、报警、事件、历史报表、专家报表、X-Y 曲线、温控曲线等组件，利用常用组件可以进行曲线绘制和报表等工作。

Window 控件中包含 Window 常用控件，如拉列表、下拉框、日期、时间范围、复选框、媒体播放等控件，用于开发系统界面。复合组件中包含 FLASH 播放器、图片显示精灵、CAD 控件、手机短信等控件。ActiveX 控件栏显示配置到力控开发系统中的所有的 AcitveX 控件。

4）导航栏

导航栏是指在开发工程应用的过程中，对工程项目、对象属性、系统配置信息等配置进行管理的树形菜单栏，其中包括：工程项目导航栏、系统配置导航栏、属性配置导航栏、帮助说明导航栏。

5）工程项目导航栏

工程项目导航栏如图 7.1.10 所示。

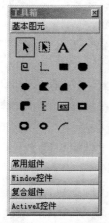

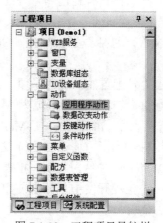

图 7.1.9　力控工具箱　　　　图 7.1.10　工程项目导航栏

①WEB 服务器配置：配置网络版的 WEB 服务器信息。

②界面发布：将当前界面或指定界面发布到本工程配置的 WEB 目录，以供远程客户端进行访问获取。

③窗口：窗口节点下面管理当前工程所有的界面窗口，每个界面窗口管理该页面的全部对象。

④变量：用于管理工程项目所有使用的变量，力控中提供多种变量，包括数据库变量、中间变量、间接变量、窗口中间变量等。

⑤数据库组态：进入到实时数据库组态，管理实时数据库点。具体应用请参考相关章节。

⑥IO 设备组态：进入到设备组态配置，列出了力控中所支持的设备类型及设备厂家。

⑦动作：用于进行二次脚本开发，工程项目属于全局脚本，其中包括应用程序动作、数据改变动作、按键动作和条件动作。

i.应用程序动作，运行环境在运行时所触发的动作事件。其中包括进入程序（力控运行系统第一个被触发的事件，只执行一次），程序运行周期执行（该动作通过系统所设定的时间间隔进行循环触发），退出程序（力控运行系统最后一个被触发的事件，运行系统退出被触发，只执行一次）。

ii.数据改变动作，设定的系统变量改变时所触发的动作事件。

iii.按键动作，设定的系统按键触发动作，其中包括按键按下、按键期间周期执行、按键释放三个动作。

iv.条件动作，满足设定条件时触发的动作。

⑧菜单：管理开发系统中自定义菜单的功能，其中包括主菜单和右键菜单。

⑨自定义函数：力控具有自定义函数功能，可以把一些公共的、通用的运算或操作定义成自定义函数，然后在脚本中引用。

⑩配方：力控具有配置和管理配方的功能，力控的配方就是一个二维参数表，参数表的行表示变量的一组取值，参数表列表示一组配方，即各变量的一种取值组合。

数据表管理包括数据表绑定、SQL 数据表模板和内置数据表。（详细内容请参考相关章节）。

工具：力控配置的扩展功能项，当安装力控扩展程序组件，会出现不同的扩展工具。

后台组件：在工程的运行过程中，可配置为全局对象进行加载，其中包括：报警统计、Modem 语音拨号、PrintLine、E-Mail 等组件具体应用请参考个组件的相关说明章节。

复合组件：为了方便在工程开发过程中更加快捷，复合组件中提供了大量的组态工具，其中包括 Window 控件、曲线、报表、报警、事件、多媒体等。

图库：在工程开发中，经常使用一些常用的图形符号，图库中包含了大量的这种图形，主要有罐、仪表、管道、阀门、开关、按钮、泵、电机等，同时又分为标准图库和精灵图库两大类。

6）系统配置导航栏

系统配置导航栏是对当前工程项目的系统配置管理。如图 7.1.11 所示。

①节点配置

i 本机配置，用于当前工程本机网络配置，默认为当前的系统配置。

ii 网络节点，用于远程访问其他主机的网络信息配置。

②数据源

配置当前工程将要访问到远程实时数据库的配置信息，通过右键菜单进行有效操作。

图 7.1.11　系统配置导航栏

③双机冗余

配置当前工程的冗余设置信息。

④系统配置

i.开发系统参数，配置当前工程项目开发系统的设定参数。

ii.运行系统参数，配置当前工程项目运行系统的设定参数。

iii.初始启动窗口，配置运行系统启动将要打开的窗口。

iv.初始启动程序，配置力控运行系统启动的相关进程。

v.打印参数，配置当前工程项目的打印及打印机参数。

vi.工程加密，配置当前工程项目的工程加密密码。

⑤报警配置

当工程项目在运行过程中有报警产生时，报警的提示方式及报警记录方式的配置，包括报警的设置和报警记录。

⑥事件配置

在工程项目的运行过程中，对操作员、操作内容、变量值变化的记录方式的配置。

⑦用户配置

创建不同级别、不同权限的用户及安全区，同时为不同的用户分配不同的口令和不同的安全区管理。

⑧属性配置导航栏

系统配置导航栏是对系统选定的控件进行属性、事件、方法的设置。如图 7.1.12 所示。

图 7.1.12　属性配置导航栏

四、对象、属性、方法、事件基本概念

1. 对象

对象可以认为是一种被封装的、具有属性、方法和事件的特殊数据类型。力控是面向对象的开发环境，在力控中的对象是指组成系统的一些基本构件，比如：窗口、窗口中的图形、定时器等，每一个对象作为独立的单元，都有各自的状态，可以通过对象的属性和方法来操作。

2．属性、方法、事件

描述对象的数据称为属性，对对象所作的操作称为对象的方法，对象对某种消息产生的响应称为事件，事件给用户提供一个过程接口，可以在事件过程中编写处理代码。

上面简单介绍了力控开发环境，进一步的使用我们在以后章节结合实例具体说明。

五、I/O 设备和实时数据库

1．I/O 设备

力控可以与多种类型控制设备进行通信，对于采用不同协议通信的 I/O 设备，力控提供相应的 I/O 驱动程序，用户不需要关心设备的具体通信协议即可以通过 I/O 驱动程序来完成与设备的通讯，I/O 驱动程序支持冗余、容错、离线、在线诊断功能，支持故障自动恢复、模板组态功能，力控目前支持的 I/O 设备包括：集散系统（DCS）、可编程控制器（PLC）、现场总线（FCS）、电力设备、智能模块、板卡、智能仪表、变频器、USB 接口设备等。

力控与 I/O 设备之间一般通过以下几种方式进行数据交换：串行通信方式（RS232/422/485，支持 Modem、电台远程通信）、板卡方式、网络节点（支持 TCP/IP 协议、UDP/IP 协议通讯）方式、适配器方式、DDE 方式、OPC 方式、网桥方式（支持 GPRS、CDMA 通讯）等。

实时数据库通过 I/O 驱动程序对 I/O 设备进行数据采集与下置，实时数据库与 I/O 驱动程序之间为客户/服务器运行模式，一台运行实时数据库的计算机可通过多个 I/O 驱动程序完成与多台 I/O 设备之间的通信。

I/O 管理器（IoManager）是配置 I/O 驱动的工具，IoManager 可以根据现场使用的 I/O 设备选择相应的 I/O 驱动，完成逻辑 I/O 设备的定义、参数设置，对物理 I/O 设备进行测试等。

I/O 监控器（IoMonitor）是监控 I/O 驱动程序运行的工具。IoMonitor 可以完成对 I/O 驱动程序的启/停控制，查看驱动程序进程状态、浏览驱动程序通信报文等功能。

2．实时数据库系统

（1）实时数据库概述

在生产监控过程中，许多情况要求将生产数据存储在分布在不同地理位置的不同计算机上，可以通过计算机网络对装置进行分散控制、集中管理，要求对生产数据能够进行实时处理，存储等，并且支持分布式管理和应用，力控实时数据库是一个分布式的数据库系统，实时数据库将点作为数据库的基本数据对象，确定数据库结构，分配数据库空间，并按照区域、单元等结构划分对点"参数"进行管理。

实时数据库是由管理器和运行系统组成，运行系统可以完成对生产实时数据的各种操作，如实时数据处理、历史数据存储、统计数据处理、报警处理、数据服务请求处理等，实时数据库可以将组态数据、实时数据、历史数据等以一定的组织形式存储在介质上。管理器是管理实时数据库的开发系统，通过管理器可以生成实时数据库的基础组态数据，对运行系统进行部署。

力控实时数据库负责和 I/O 调度程序的通信，获取控制设备的数据，同时作为一个数据源服务器在本地给其他程序如界面系统 VIEW 等提供实时和历史数据，实时数据库又是一个开放的系统，作为一个网络节点，也可以给其他数据库提供数据，数据库之间可以互相通信，并支持多种通信方式，如 TCP/IP、串行通信、拨号、无线等方式，并且运行在其他网络节点的第三方系统可以通过 OPC、ODBC、API/SDK 等接口方式访问实时数据库。图 7.1.13 是实时数据库的结构图。

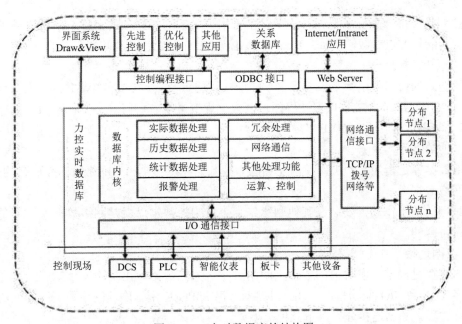

图 7.1.13　实时数据库的结构图

（2）实时数据库基本概念

1）区域

区域根据生产装置运行的特点将一个生产工艺过程分成几部分，设计时你可以将各部分装置的数据划分在不同的区域内。也可以针对一个工厂级数据来进行管理。例如化工厂的反应工段、公用工程工段、炼油厂的催化裂化工段等，就可以分在不同的区域里。每个力控数据库系统可以支持多达 31 个区域。

2）单元

单元通常把与一个工艺设备或完成一个工艺目标的几个相连设备有关的点集合在一起，例如一个反应器、锅炉（包括汽包等）、再生器等设备上的监控点都可以分配到一个单元内。力控的许多标准画面是以单元为基础操作的，例如总貌画面就可以按照单元分别或集中显示点的测量值。每个点都必须分配给一个单元，而且只能分配一个单元。

3）点类型

点类型是完成特定功能的一类点。力控数据库系统提供了一些系统预先定义的标准点类型，例如模拟 I/O 点、数字 I/O 点、累计点、控制点、运算点等；系统也可以创建自定义点类型。

4）点

在数据库中，系统也以点（TAG）为单位存放各种信息。点是一组数据值（称为参数）的集合。在点组态时定义点的名称。点可以包含标准点参数或者用户自定义参数。

5）点参数

点参数是含有一个值（整型、实型、字符串型等）的数据项的名称。系统提供了一些系统预先定义的标准点参数，例如：PV、NAME、DESC 等，用户也可以创建自定义点参数。

6）数据库访问

对数据库的访问采用"点名.参数名"的形式访问点及参数，如"TAG1.PV"表示点 TAG1 的 PV 参数，通常 PV 参数代表过程测量值数据库变量缺省访问的是 PV 参数。例如：访问"TAG1"即表示访问"TAG1.PV"。

①本地数据库

本地数据库是指当前的工作站内安装的力控数据库，它是相对网络数据库而言的。

②网络数据库

相对当前的工作站，安装在其他网络结点上的力控数据库就是网络数据库，它是相对本地数据库而言的。

7）数据连接

数据连接是确定点参数值的数据来源的过程。力控数据库正是通过数据连接建立与其他应用程序（包括：I/O 驱动程序、DDE 应用程序、OPC 应用程序、网络数据库等）的通信、数据交互过程。数据连接分为以下几种类型：

①I/O 设备连接

I/O 设备连接是确定数据来源于 I/O 设备的过程，I/O 设备的含义是指在控制系统中完成数据采集与控制过程的物理设备，如：可编程控制器（PLC）、智能模块、板卡、智能仪表等。当数据源为 DDE、OPC 应用程序时，对其数据连接过程与 I/O 设备相同。

②网络数据库连接

网络数据库连接是确定数据来源于网络数据库的过程。

③内部连接

本地数据库内部同一点或不同点的各参数之间的数据传递过程，即一个参数的输出作为另一个参数的输入。

（3）数据库管理器（DbManager）

DbManager 是定义数据字典的主要工具。通过 DbManager 可以完成：点参数组态、点类型组态、点组态、数据连接组态、历史数据组态等功能。在工程导航器中双击"数据库组态"便打开数据库管理器 DbManager，如图 7.1.14 所示。

（4）点组态

点是实时数据库系统保存和处理信息的基本单位。点存放在实时数据库的点名字典中。

实时数据库根据点名字典决定数据库的结构，分配数据库的存储空间。在创建一个新点时首先要选择点类型及所在区域。可以用标准点类型生成点，也可以用自定义点类型生成点。

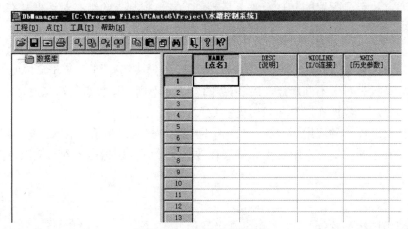

图 7.1.14　数据库管理器窗口

　　若要创建点，可以选择 DbManager 菜单"点[T]/新建"选项，按下快捷键 Ctrl+A 或单击工具栏"新建数据库点"选项，选中导航器后单击鼠标右键，弹出右键菜单后选择"新建"选项；双击点表的空白区域，当前选中单元处于点表的空白区域时按下回车键等，此时出现对话框如图 7.1.15 所示进入点组态过程。

图 7.1.15　新建点窗口

　　在新建点窗口中可以创建所需要类型的点，其中：

　　模拟 I/O 点：输入和输出量为模拟量，可完成输入信号量程变换、报警检查、输出限值等功能。

　　数字 I/O 点：输入值为离散量，可对输入信号进行状态检查，数字 I/O 点的组态对话框共有 4 个选项卡："基本参数""报警参数""数据连接"和"历史参数"。

累计点：输入值为模拟量，除了 I/O 模拟点的功能外，还可对输入量按时间进行累计。累计点的组态对话框共有 3 个选项卡："基本参数""数据连接"和"历史参数"。

控制点通过执行已配置的 PID 算法完成控制功能。控制点的组态对话框共有 5 项："基本参数""报警参数""控制参数""数据连接"和"历史参数"。

运算点，用于完成各种运算。含有一个或多个输入，一个结果输出。目前提供的算法有：加、减、乘、除、乘方、取余、大于、小于、等于、大于等于、小于等于。PV、P1、P2 三个操作数均为实型数。对于不同运算，P1、P2 的含义亦不同。运算点的组态对话框共有 3 个选项卡："基本参数""数据连接"和"历史参数"。

组合点针对这样一种应用而设计：在一个回路中，采集测量值（输入）与下设回送值（输出）分别连接到不同的地方。组合点允许您在数据连接时分别指定输入与输出位置。

【任务实施】

一、安装力控组态软件

1. 安装要求

（1）软件环境要求：安装在 Windows XP SP3/Windows Server 2008/Windows7 简体中文版操作系统下，可以兼容模式运行在 64 位操作系统下。

（2）最低硬件环境要求：PIII 500 以上的微型机及其兼容机；至少 64M 内存；至少 1G 的硬盘剩余空间；VGA、SVGA 及支持 Windows 256 色以上的图形显示卡。

（3）推荐硬件环境要求：Pentium 4 2.0 以上 512M 内存；至少 1G 的硬盘剩余空间；VGA、SVGA 及支持 Windows 256 色以上的图形显示卡。

2. 软件安装步骤

以安装力控 ForceControl 6.1sp3 组态软件为例，将安装光盘放入光驱，或将电子版安装文件拷贝至计算机，单击 setup 文件进入软件安装。出现如图 7.1.16 所示的操作界面。

安装步骤：

（1）安装力控 ForceControl V6.1

进行力控组态软件的安装，包括 B/S 和 C/S 网络功能，具体由硬件加密锁来区分。此安装包需要先安装才能继续安装其他安装包。

（2）安装 I/O 驱动程序

力控 I/O 驱动选择性的安装。

（3）安装数据服务程序

安装力控数据转发程序。

（4）安装扩展程序

进行力控组态软件中的 ODBCRouter、CommBridge、CommServer、OPCServer、DBCOM 的例程等功能组件的安装。

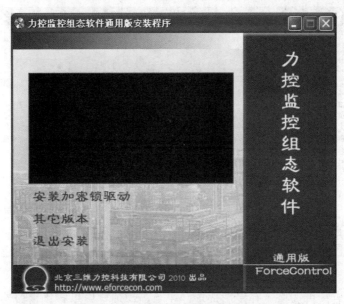

图 7.1.16　力控组态软件安装界面

（5）安装加密锁驱动

在使用 USB 加密锁时需要安装此驱动。

软件安装时都是默认状态下的，直接"下一步"到最后完成，安装完成后，就可以新建工程进入开发了。

3. 安装使用注意事项

（1）安装、运行力控 ForceControl V6.1 时请以管理员权限登陆操作系统。

（2）Web 客户端浏览 ForceControl V6.1 工程时请以管理员身份运行 IE。

（3）安装力控 ForceControl V6.1 的操作系统须安装.NET Framework 4.0 以上版本。

（4）运行力控 ForceControl V6.1 制作的工程时，须防止操作系统进入待机或者休眠状态，该状态下会发生"无法识别加密锁"错误。

（5）力控 ForceControl V6.1 的组件、控件进行了重新设计，与以前版本的组件、控件不同，工程升级的具体问题请详细咨询客服人员。

（6）使用力控的 Flash 组件及 Flash 图库时，请先安装 flash 插件。

二、实现组态软件与 PLC 的通信连接

1. 建立开发工程

安装好软件之后，打开桌面力控图标，弹出工程管理器，如图 7.1.17 所示，默认有两个案例工程，选择新建的工程单击"开发"选项即可进入新建工程。

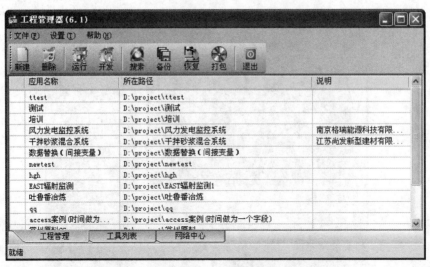

图 7.1.17　工程管理器

新建工程之后，再选择"开发"选项，在"工程项目"里有"窗口"选项，双击即可新建窗口，因为每个窗口功能都不一样，比如可以作为封面或者报表等，给窗口定义好名称之后，单击确定就新建完成一个画面，再单击"保存"按钮，然后就可以编辑这个画面了，比如可以在工具箱里找到按钮或者标签框等控件，在画面拖动鼠标新建控件，再双击控件编辑其属性，如图 7.1.18 所示。

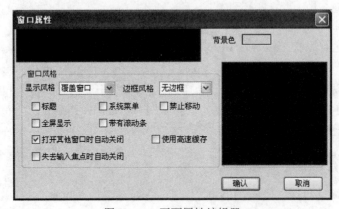

图 7.1.18　画面属性编辑器

2. 定义外设 I/O 设备连接

新建 I/O 设备，打开"工程项目"中的"I/O 设备组态"选项，在这里是定义上位机软件将要连接的设备，比如西门子 S7-200 的 PLC，或者 modbus 仪表等，针对本项目，我们选择 S7-200PLC。

找到 PLC 类别，打开"simens 西门子"菜单，下面就是西门子 PLC 的各种驱动，而我们要用的是"S7-200（PPI）"，双击此驱动即可新建，如图 7.1.20 所示。

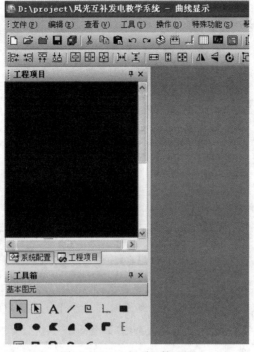

图 7.1.19　工程项目管理器

图 7.1.20　IO 设备基本属性设置界面

　　这里"设备地址"必须填写 2，因为该类型 PLC 出厂时默认地址就是 2，单击"下一步"出现如图 7.1.21 所示的对话框。

　　在 I/O 配置向导中单击"下一步"按钮，选择与 I/O 通讯的 COM 口（本项目使用 COM1）。

如果有必要单击"高级"，在弹出的画面中设置通讯参数，一般情况下为默认即可。

图 7.1.21　I/O 设备通信参数设置界面

提示：一个 I/O 驱动程序可以连接多个同类型而不同 I/O 地址的设备。相同 I/O 地址的设备中多个数据可以与力控数据库建立连接，如果对同一个 I/O 设备中的数据要求不同的采集周期，可以为同一个 I/O 地址的设备定义多个不同的设备名称，使同一个 I/O 地址不同而设备名称的数据具有不同的采集周期。

在 S7-200 的编程软件中打开通讯端口，如图 7.1.22 所示。

图 7.1.22　西门子 PLC Step7 软件

然后在端口通信参数里设置端口 0 的站号为"2"，通信波特率为"9.6kbits"，如图 7.1.23 所示。

确认后把系统块的信息下载到 S7-200 CPU 中去。注意：把系统块等参数下载以后，必须将 S7-200 的编程软件关闭，以释放 COM1 口。不然可能会影响后续力控组态功能与 S7-200 的通信。

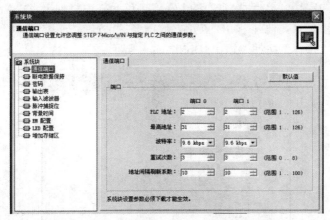

图 7.1.23　西门子 PLC Step7 软件通信设置界面

3. 定义数据库点与数据连接

单击"数据库组态"，就可以新建数据库变量了，可以选择模拟量或者数字量，变量也有自身的属性，例如"基本参数""报警参数""数据连接"和"历史参数"。

在前面已经建立了一个名为"S7_200"的 I/O 设备，现在需要将已经新增的数据库点与"S7-200"中的数据项联系起来，以使这几个点的 PV 值能与 I/O 设备"S7_200"进行实时数据交换，这个过程就是建立数据库连接的过程。由于数据库可以与多个 I/O 设备进行数据交换，所以必须指定哪些点与哪个地址 I/O 设备的哪个数据项建立数据连接。

双击"AI1"的 I/O 连接单元格，再单击"数据连接"，将会出现如图 7.1.24 所示的界面。

图 7.1.24　数据库点数据连接设置界面

单击"增加"按钮，出现"S7-200"的数据连接界面，在 I/O 类型选择"VS（内存变量）"，地址选择"300"，数据格式选择为"SS（16 位有符号整数）"，然后单击"确定"按钮返回，完成该点数据连接的定义，再点"AI1"的 I/O 连接单元格中将列出点"AI1"的数据连接项。

利用同样的方法再为其他几个 I/O 点建立数据连接，如图 7.1.25 所示。当完成数据连接所有的组态后，单击"保存"按钮并退出 DbManager 界面。

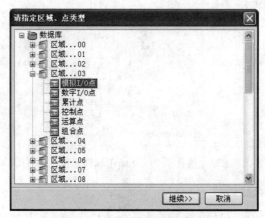

图 7.1.25　点类型设置界面

我们用到的只有模拟 I/O 点、数字 I/O 点和运算点，其中模拟 I/O 点指的是一连串变化的实型数值，比如温度和压力等、数字 I/O 点是指只有 0 和 1 的两个状态的开关量、运算点指的是两个数据库点经过算术运算得到的点，各点名称的 DbManager 界面如图 7.1.26 所示。

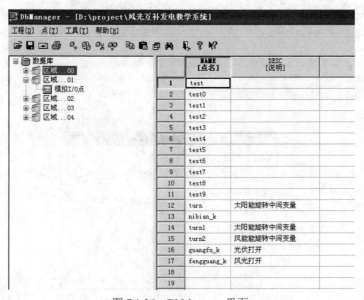

图 7.1.26　DbManager 界面

比如我们采集 S7-200PLC 的一个 Q0.0 开关量，右击数据库选择新建，再选择你想把点放在哪个区域，选择"数字点"之后，就导出如图 7.1.27 所示的窗口。

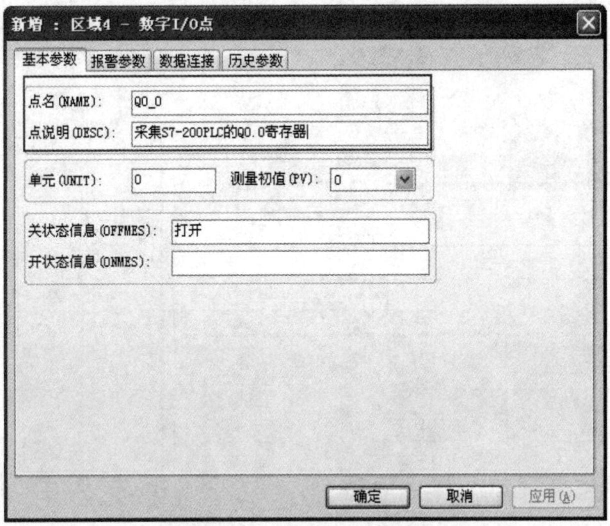

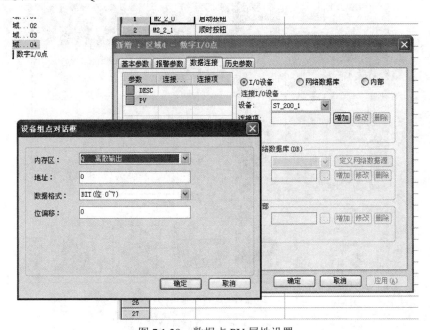

图 7.1.27　数字 IO 点设置界面

红框内定义点的名称（非数字开头）和说明，在"数据连接"选项卡中，如图 7.1.28 所示，需要连接到 PLC 的 Q0.0 寄存器上。

图 7.1.28　数据点 PV 属性设置

单击"确定"按钮即可完成数据库组态，以上只是举例组态的一个点。

如果想在窗口中显示此开关量，可以直接输出数字 0 或者 1，也可以做个灯来显示，如图 7.1.29 所示。

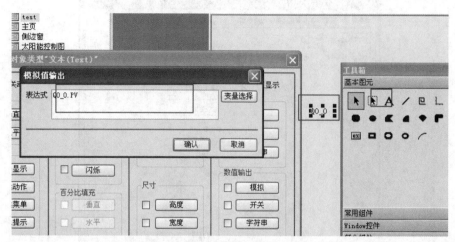

图 7.1.29　模拟输出设置界面

如图 7.1.30 所示，可以从图库中调用需要的控件，再双击该控件即可打开属性配置对话框，再选择需要关联的变量即可。

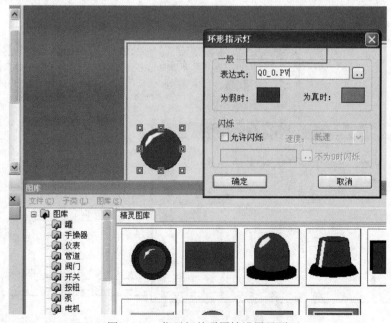

图 7.1.30　指示灯关联属性设置界面

三、下位机 PLC 编程

1. I/O 资源分配表（如表 7-1 所示）

表 7-1　下位机 PLC 输入输出资源分配表

标识符	地址	说明
急停按钮	I0.2	急停按钮
急停按钮指示灯	Q1.1	急停按钮指示灯
光伏组件向北偏移	Q1.6	光伏组件向北偏移
光伏组件向北限位	I2.0	光伏组件向北限位开关
光伏组件向东偏移	Q1.4	光伏组件向东偏移
光伏组件向东限位	I1.6	光伏组件向东限位开关
光伏组件向南偏移	Q1.7	光伏组件向南偏移
光伏组件向南限位	I2.1	光伏组件向南限位开关
光伏组件向西偏移	Q1.5	光伏组件向西偏移
光伏组件向西限位	I2.6	光伏组件向西限位开关

2. 下位机 PLC 程序

（1）急停按钮 PLC 梯形图程序如图 7.1.31 所示。

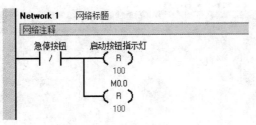

图 7.1.31　急停按钮 PLC 梯形图

（2）光伏组件运动 PLC 梯形图程序如图 7.1.32 所示。

四、人机交互界面设计与系统实现

根据项目相关知识中所讲述的力控软件基本操作方法中所讲的内容，按照如图 7.1.33 所示的设计软件界面，放置"向东""向西""向北""向南""自动""停止"六个按钮，根据分配的 I/O 点设定相应的功能，设计 PLC 程序，将按钮与程序功能进行关联，实现与力控软件的通信。

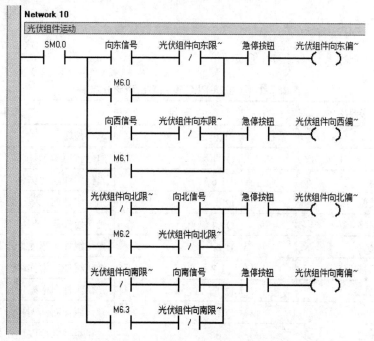

图 7.1.32　光伏组件运动 PLC 梯形图程序

图 7.1.33　力控交互界面

项目七

项目完成后，应能够实现利用上位机力控软件界面在演示模式下对"追日"电机进行控制，即按下"向东""向西""向北""向南"按钮时，"追日"电机能够执行相应动作，按下"停止"按钮，无论电机在何种运动状态下，应立即停止。

【任务检查与评价】

1．什么是组态软件？
2．如何利用力控组态软件制作按钮？
3．如何利用组态软件与下位机 PLC 进行通信？
4．编程控制西门子 S7-200 实现"追日"电机的控制。
5．编制简单的组态界面，实现利用按钮控制"追日"电机的运转。

【课外拓展】

提升发电效能　嵌入式让太阳能追日系统更完善

随着环保议题发烧，太阳能洁净能源的应用条件，恰好迎合全球化的洁净能源追求目标！而太阳能电池板碍于材料本身的光电转换效率受限，使得发电能量的提升限制很多，因而透过追日系统的整合，充分利用每一分光照进行光电转换，提升了太阳能发电系统的能效，同时亦可达到设备快速回收目的。

太阳能发电的热潮，因为搭上环保议题而持续发烧，即便目前主流的太阳能电池板可用之光电转换效率很低，量产型的太阳能电池模组仅有约 20%上下的光电转换效能，因此要达到实用的发电能量，就必须以太阳能电池板的"量"来扩充发电效能。图 7.1.34 为太阳能电池模组的照片。

图 7.1.34　太阳能电池模组

运用智慧追日系统，即时因应多变日照条件变更基座倾角与方位，达到提升太阳能发电机组的最高效能。图 7.1.35 为追日系统的照片。

图 7.1.35　追日系统照片

　　大型太阳能发电厂，大多使用追日系统来提升整体的太阳能发电效能。

　　即便想在量的部分提升，但实际上，由于可用楼板面积或是空地面积，加上太阳能电池都有一定的尺寸与面积，实际装设时会因此受限，无法无限制地扩充电池板数量，也仅能装设一定数量的太阳能电池板。

　　在电池板数量有限的限制下、电池板的材料无法在近期获得光电转换效能大幅改善的状态下，建构太阳能发电系统就必须思考别的方向，来改善发电能效。

太阳能电池材料改善光电转换效率效益有限

　　目前太阳能发电系统的发展趋势，先排除太阳能电池板的材料问题，也先不讨论模组设计方案问题，就单纯自架设方式来讨论。因为太阳能毕竟是取自大自然的太阳日射光线进行光电转换、进而产生所谓的"发电"效果，基本上取自自然的日照光源，自然就会因为季节、环境、天气等多变条件而产生日照差异。

　　常见的方法是依据如气象监测单位提供的历史参考资料，大致取得日照变化特性数据，或使用现地的量测进行分析与推估，基本上使用历史数据或是现地量测，所取得的日照状态虽有参考价值，但实际上与现地日照实况却有相当大的差异，这种数据与实际落差，加上太阳能电池板为采取固定式装设方式，等于一整天下来仅有的日照只在短暂的一段时间内才能让太阳能电池板具最佳的输出功率。

　　这种应用限制状况，为因为要让光电转换产生最大化的效率表现，通常要让日照与输出侦测达到一定程度的对比，有时可能不光是电池板的倾角问题，不同的电池板在日照与板材倾角稍有差异才会有较大的输出也不无可能，光靠固定基座搭配历史日照资讯进行评估，怎么做都难以让太阳能发电系统能处在最佳化的光电转换条件进行发电。

　　较务实的作法，为采取智慧型的追日系统，所谓的追日系统，为利用可活动的太阳能电池底座，搭配有限的伺服马达、与自行自太阳能取得转换的电能控制驱动调校面板的动态倾角，以即时分析太阳能电池板最大输出与对照最佳面板倾角，达到有效的追日与提升发电效益的作法。

利用追日系统改善整体发电效能

　　即使是进行追日设计方案，也分智慧与预置调校角度范围方式的两大设计方案。所谓预置调校角度范围追日设计方案，为利用相对较固定的追日倾角、范围，设置活动可自动控制的太阳能电池板基座，搭配时序计数与历史日照变化数据，让太阳能发电系统可以依据历史日照进行自动角度调校，达到近似主动式追日的应用效益。

这类预置调校角度范围的追日系统设计，虽然较固定式的太阳能电池板架设方案所产出的电能更多，但实际上仍有其追日误差范围，而每片太阳能电池板的最佳发电面板倾角并不见得一致，也会有些微小误差存在，若使用一致性的太阳能电池板角度调校设计方案，可能会让部分太阳能电池板的效益无法达到最大输出。但预置追日角度的自动控制设计方案，因为基座设计结构较单纯，追日系统设计方案简洁、易维护，加上装设资材成本相对较低，也不乏有业者采用。

以嵌入式系统整合追日基座有效提升发电效能

另一种相对较全面的智慧追日系统，就比采用预置调校角度范围的追日设计方案能做出更多太阳能电池的发电效能！智慧型追日为采用单片或多片太阳能电池模组的整合可变接收日照角度基座设计，至于调校太阳能电池板日照接收角度的基座设计，就落在单片固定基座或是多片型态的整合基座上面，而追日的基座角度调校基础为直接 Real Time 侦测位于基座上的单片、或多片太阳能电池来进行输出与基座角度关系的分析比对，借此取得最佳日照效果与主动变更基座角度的设计型态。

由于基座角度为随时随发电状态进行变更，即便是为了省电或是避免基座损耗采取每 10 或 25 分钟进行基座角度主动调校，都至少会比预设基座调校角度范围型态的追日系统，取得更精确、务实的最佳日照太阳能电池基座倾角设计。

一般太阳能电池的智慧型追日基座设计方案，需考量即时电池板的发电输出检测、电池板角度对照与控制基座倾角转换与电池板输出功率表现差异，为能快速产生参考数据，基本上为采用智慧型 SoC 平台或是 FPGA 应用平台为主，因为太阳能电池的追日系统，通常也是随同太阳能电池基座设置在装设环境下，也就是屋顶、空地等户外空间，这类环境通常伴随高温、高潮湿等严苛条件，使用 SoC 或嵌入式应用平台，可以达到较佳的系统运行稳定性，同时追日系统为使太阳能发电自给自足，运算单元必须达到有效节能才能使追日系统提升整体发电量的实用效益。

另追日系统为了与太阳光日照方向同步移动，为了节省驱动电能，基本上是不实时持续追踪、同步移动，因为日照变化量过程还算缓和，基本上可以设定时间段的方式，采用区段感测、分析、调整同步驱动角度后，再将基座角度锁定，而不需时时同步驱动，以免将太阳能电池模组采集来的宝贵电能都在追日系统伺服机制上消耗掉了。

至于追日系统的可变角度基座的结构设计，一般是尽量减少伺服马达的数量，因为马达负载减少也相对代表耗能较低，但一般至少需要 2 组驱动马达设计，搭配基座结构去进行三维空间的倾角与方向变化，尽量让日照充分投射于太阳能电池板表面，达到最大化的发电容量产出。

搭配输出感测与关键感测器　让智慧追日系统更完善

一般智慧型追日系统，可以在光伏电池材料本身的发电输出，先并联一组类比／数位

（D/A）转换器，将输出之光电转换之发电容量即时反馈给 SoC 或嵌入式系统中，作为追日分析之方位、角度最佳化计算基础资讯，而在嵌入式系统即时找到最佳角度与日照方位时，追日系统随即驱动伺服马达进行基座的重定位，同时搭配输出电能侦测回测确认基座已定位在最佳化的太阳能电池板角度上，让太阳能电池板随时处于最高效的发电状态位置上。

同时，为了避免追日系统耗用过多电能，进行系统的输出验证与重定位，我们仍可先建立基础的日照方位、角度最佳化历史气象资讯数据模型，让追日系统可以在既定历史数据模型上进行 10%~15% 的最佳化追日基座微调驱动程序，避免智慧型追日系统持续不断重新换算最佳追日角度、方位，让基座反复驱动、变更方位角度，徒增电能浪费。

同时，也是智慧追日系统本身的节能考量，在进行追日角度与方位换算时，智慧型追日系统也必须设置一容许范围值，而不需为了追求输出极大化而反覆进行验证、变更基座角度／方位程序，同时利用前述搭配时间段的方式进行区段定位侦测，避免过度追求系统发电效能提升，反而让追日系统成为太阳能发电机组的耗能问题。

另一方面，在追日系统中也必须设置平衡感测器、追踪感测器，平衡感测器的目的在让系统取得初始的水平平衡与方位的准确定位，避免驱动方向出现错误影响系统精度。另一方面在追踪感测器方面，可以在太阳能电池板上四个角落设置，借以侦测取得整面太阳能电池模组的准确光照强度。

任务二　光伏发电运行监控系统设计

【任务描述】

光伏发电监控系统可对太阳能光伏电站里的电池阵列、汇流箱、逆变器、交直流配电柜、太阳跟踪控制系统等设备进行实时监控和控制，通过各种样式的图表及数据快速掌握电站的运行情况，其友好的用户界面、强大的分析功能、完善的故障报警确保了太阳能光伏发电系统的完全可靠和稳定运行。

力控现场采集到的数据经过处理后依照实时数据和历史数据进行存储和显示。在力控中，除了在窗口画面和报表中显示数据外，还提供了功能强大的各种曲线组件对数据进行分析显示。

这些曲线包含：趋势曲线、X-Y 曲线、温控曲线、直方图、ADO 关系数据库曲线等。通过这些工具，可以对当前的实时数据和已经存储了的历史数据进行分析比较，可以捕获一瞬间发生的工艺状态，并可以放大曲线，可以细致地对工艺情况进行分析，也可比较两个过程量之间的函数关系。

力控分析曲线支持分布式数据记录系统，允许在任意一个网络节点下分析显示其他网络节点的各种实时和历史数据。

分析曲线提供了丰富的属性方法，以及便捷的用户操作界面，一般性用户可以使用曲线提供的各种配置界面来操作曲线,高级用户可以利用分析曲线提供的属性方法灵活地控制分析曲线，已满足更加复杂、更加灵活的用户应用。

【相关知识】

一、趋势曲线的创建

创建趋势曲线的方式有三种

1）选择菜单命令工具"T"/复合组件(S)/曲线。

2）选择工程项目导航栏中的复合组件/曲线。

3）单击工具条上的 ![按钮图标] 按钮/曲线。

按以上三种方式操作将会出现如图 7.2.1 所示的"复合组件"对话框。

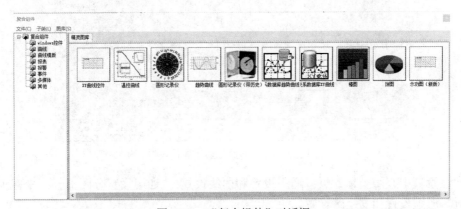

图 7.2.1　　"复合组件"对话框

在复合组件中选择曲线类中的趋势曲线，在窗口中单击并拖拽到合适大小后释放鼠标。如图 7.2.2 所示。

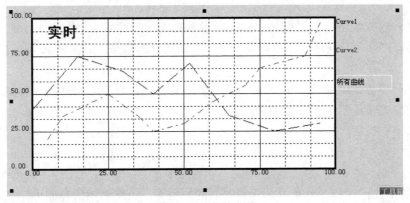

图 7.2.2　　趋势曲线

二、趋势曲线的通用设置

在曲线上单击右键选择对象属性或者双击曲线,弹出曲线属性设置对话框,如图 7.2.3 所示。

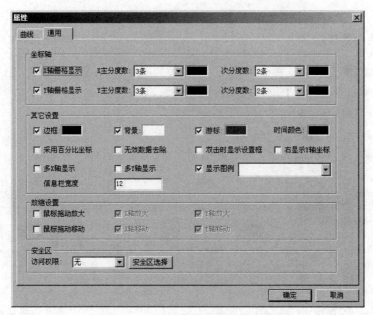

图 7.2.3 趋势曲线通用属性设置

在属性设置中有两个标签页:通用设置和曲线设置。 通用设置分四部分:坐标轴设置、其他设置、放缩设置和安全区设置。

1. 坐标轴设置

在坐标轴框中,可以设置 X,Y 轴的主分度数目。

1)X 主分度数是显示 X 时间轴的主分度,也就是 X 轴标记时间的刻度数,用实线连接表示。

2)X 次分度数是显示 X 时间轴上的主分度数之间的刻度数,用虚线连接表示。

3)X 轴栅格显示,复选框上选择此项后,在曲线上用栅格方式显示 X 轴分度数,否则不显示。

4)Y 主分度数是显示 Y 轴的主分度,也就是 Y 轴标记数值的刻度数,用实线连接表示。

5)Y 次分度是显示 Y 轴上的主分度数之间的刻度数的分度,用虚连线表示。

6)Y 轴栅格显示,复选框上选择此项后,在曲线上用栅格方式显示 Y 轴分度数,否则不显示。

2. 其他设置

在此设置曲线的边框、背景、游标和时间的颜色等。关键名词解释如下。

1）采用百分比坐标：选择采用绝对值坐标还是采用百分比坐标，如果选择此项后，在 Y 轴上，低限值对应 0%，高限值对应 100% 的百分比样式显示标尺，否则 Y 轴采用绝对值坐标来显示。

2）无效数据去除：在系统运行过程中，由于设备故障等原因会造成采集上来的数据是无效数据，是否勾选"无效数据去除"，决定当存在无效数据的时候，曲线进行显示无效数据点还是不显示。

3）双击时显示设置框：是否勾选"双击时显示设置框"，决定在运行状态下，在曲线上双击时是否有曲线设置对话框弹出，如果选择此项，双击曲线时会有设置对话框弹出，方便对曲线的属性的操作，否则没有对话框弹出。

4）右显示 Y 轴坐标：是否勾选"右显示 Y 轴坐标"，决定 Y 轴坐标在曲线的左边还是右边，不勾选默认是在左边，否则在曲线的右边。

5）多 X 轴显示：是否勾选"多 X 轴显示"，决定 X 轴是采用单轴还是多轴，如果选择此选项，则表示 X 轴采用多轴来显示，也就是说每一条曲线有一个相对应的 X 轴。注：历史趋势时可以采用多 X 轴显示，在实时趋势时只能采用单 X 轴。

6）多 Y 轴显示：是否勾选"多 Y 轴显示"，决定 Y 轴是采用单轴还是多轴，如果选择此选项，则表示 Y 轴采用多轴来显示，也就是说每一条曲线有一个相对应的 Y 轴。

7）显示图例：是否勾选"显示图例"，决定在曲线的边上是否显示图例；图例是在曲线的左边或者右边（取决于"右显示 Y 轴坐标"属性）显示曲线的变量以及说明和名称，单击下拉列表框显示图例的样式，可按照需求选择，如果显示曲线过多，则自动减少图例的条数，但是运行状态下鼠标放到图例上方是将会自动显示完整的图例。

3. 放缩设置

设置在曲线运行时，鼠标进行拖动的时候，所进行的拖动移动和放大功能。

注意： 拖动和放大功能同时只能有一个有效，也就是二者不能同时选择。

1）鼠标拖动放大

曲线在运行状态，拖动鼠标可以放大 X 轴或 Y 轴。

2）鼠标拖动移动

曲线在运行状态，拖动鼠标可以移动 X 轴或 Y 轴。

4. 安全区

用来设置曲线的安全区管理，能够管理曲线所有的操作权限。

三、曲线设置

趋势曲线类型，选择曲线是"实时趋势"或"历史趋势"。

1. 实时趋势

实时趋势是动态的，在运行期间是不断更新的，是变量的实时值随时间变化而绘出的变量-时间关系曲线图。使用实时趋势可以查看某一个数据库点或中间点在当前时刻的状态，而且实时趋势也可以保存一小段时间的数据趋势，这样使用它就可以了解当前设备的运行状况。如图 7.2.4 所示。

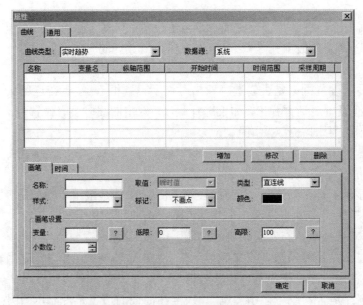

图 7.2.4   实时曲线属性窗口

2. 历史趋势

历史趋势是根据保存在实时数据库中的历史数据随历史时间变化而绘出的二维曲线图。历史趋势引用的变量必须是数据库型变量，并且这些数据库变量必须已经指定保存历史数据。

3. 访问远程数据库

力控不仅能够读取本地计算机中的实时数据库，而且还能够访问远程网络节点上的力控实时数据库，并通过本地计算机的曲线观察远程计算机上的实时、历史数据。

4. 本地数据源的配置

曲线访问远程数据库时，需要配置本地数据源，主要用来配置当前趋势曲线的数据源，可以是本机数据源，即系统数据源，也可以是远程节点机的数据源。

5. 曲线列表

增加曲线以后，曲线列表中会显示一条记录，访问记录的内容包括曲线名称、Y 轴变量名、Y 轴范围、开始时间、时间范围。可对曲线列表中的曲线进行增加、修改、删除的操作。

6. 属性设置

1）画笔设置

a. 曲线的名称

用来定义和标识所增加的曲线，名称不可重复。在用户使用控件时大多要先通过曲线名称拿到曲线索引号，然后再进行操作。

b. 最大采样

在绘制一条曲线时，支持的最大采样，即设置曲线最大存储点的个数，将会影响到曲线的细腻度，个数越多，虚线越细腻，但是画图时间也越长，效率越低。

c. 取值类型

包括瞬时值、最大/最小值、平均值、最大值、最小值，如图 7.2.4 所示。

d. 样式

当所绘制的曲线采用直线连接时，连线的类型有如下几种，如图 7.2.5 所示。

e. 标记

在绘制曲线时，将所采集的点也描绘出来，标记类型有如下几种，如图 7.2.6 所示。

图 7.2.5　样式选择

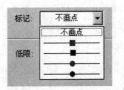

图 7.2.6　标记选择

f. 颜色

曲线显示的颜色。

g. 类型

直连线：在曲线运行时，用直线连接的方式绘制曲线。

直方图：在曲线运行时，所绘制的曲线用直方图的方式显示。

h. 变量

单击"?"，弹出变量选择对话框，选择要绘制曲线的数据库变量。

i. 低限

可以用数值直接设置低限，也可以单击"?"弹出变量选择对话框，用数据库变量来控制低限值。

j. 高限

可以用数值直接设置高限，也可以单击"?"弹出变量选择对话框，用数据库变量来控制高限值。

k. 小数位数

Y 轴变量显示的小数位数的设置。

2）时间设置（如图 7.2.7 所示）。

"时间"属性页用于设置历史曲线的开始时间、时间长度、采样间隔以及时间显示格式。

a. 显示格式可以勾选是否显示年、月、日、时、分、秒。

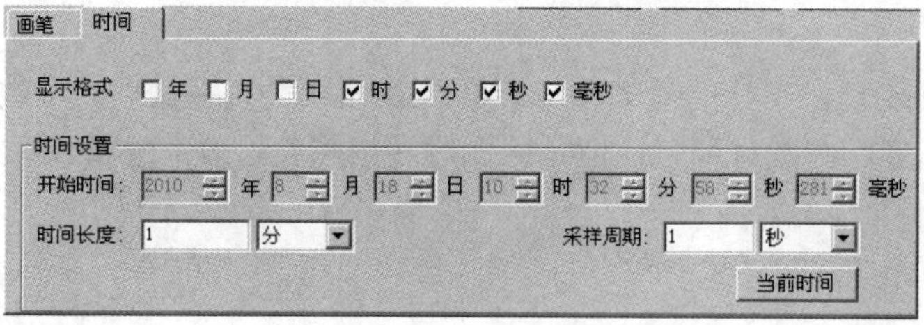

图 7.2.7　时间设置窗口

b. 在"时间设置"框里面可以设置曲线的开始时间和时间长度。值得注意的是，在实时趋势状态下开始时间不可使能。

c. 采样间隔，读取数据库中的点来绘制曲线，点与点之间的时间间隔。

d. 单击"当前时间"，可以将开始时间设置为当前时间。

7.　曲线操作

1）添加曲线

添加一条新的曲线，主要是在"画笔"和"时间"属性页进行设置，在"画笔"属性页，可以设置曲线的名称、最大采样、取值（历史趋势）、样式、标记、类型、曲线颜色，还可以设置画笔属性：变量及其高低限、小数位数。

2）修改曲线

对以上各项属性中的任何一项有所修改后，都要单击"修改"按钮，已保存修改过的属性。

3）删除曲线

在曲线的列表中选中要删除的曲线，单击"删除"按钮，将选中的曲线删除。

四、高级属性和方法

若要对曲线控件进行更深入的控制，则需要编程对控件的属性方法进行控制。

1.　趋势曲线控件属性表（如表 7-2 所示）

表 7-2　趋势曲线控制属性表

属性类别	控件属性	属性功能
基本属性	LColor	改变曲线的边线颜色
	DrawBk	是否绘制背景色
	DrawFrame	绘制边框
	DrawXGrid	是否绘制 X 轴网格
	DrawYGrid	是否绘制 Y 轴网格
	FColor	设置背景填充色的索引号
鼠标操作属性	MousePan	是否允许鼠标平移，鼠标平移后曲线也平移
	MouseZoom	是否允许鼠标缩放

属性类别	控件属性	属性功能
坐标轴操作	MultiXAxis	是否允许多横轴显示
	MultiYAxis	是否允许多纵轴显示
	RightYAxis	纵轴右显示
	ShowLegend	是否允许显示图例
	ShowPercentage	是否采用百分比坐标
	XAColor,	X 轴主刻度线颜色
	XASplit	X 轴主刻度数
	XBColor	X 轴副刻度线颜色
	XBSplit	X 轴副刻度数
	YAColor	Y 轴主刻度线颜色
	YASplit	Y 轴主刻度数
	YBColor	Y 轴副刻度线颜色
	YBSplit	Y 轴副刻度数
	YFormat	Y 轴小数位数
游标控制	DrawSlidLine	是否绘制游标线
	SlidColor	游标颜色
	TimeColor	设置历史曲线时游标处曲线显示时间的颜色
缩放属性	XAxesPan	X 轴是否允许平移
	XAxesZoom	X 轴是否允许缩放
	YAxesPan	Y 轴是否允许平移
	YAxesZoom	Y 轴是否允许缩放
其他属性	ShowDlg	允许鼠标双击时显示设置对话框
	UnShowbaddata	是否显示无效数据

2. 趋势曲线控件方法表（如表 7-3 所示）

表 7-3 趋势曲线控件方法表

方法类别	控件方法	方法的功能
报警区域	AddAlarmRegion	增加指定曲线的报警区域
	HideAlarmRegion	隐藏指定报警区域
	RemoveAlarmRegion	删除指定报警区域
	SetAlarmRegion	设置（修改）报警区域
	ShowAlarmRegion	显示指定报警区域

方法类别	控件方法	方法的功能
曲线操作	AddCurve	添加新的曲线,各种曲线配置采用系统默认值
	AddCurveEx	增加曲线,曲线各属性都可以采用单独配置
	DisplayCurve	显示第几条曲线
	HideCurve	隐藏某一条曲线
	Pan	曲线平移
	PauseCurve	暂停曲线
	RemoveCurve	删除指定曲线
	SetCurveAppearance	设置曲线外观
	SetCurveColor	设置指定曲线的颜色
	SetCurveDesc	设置指定曲线的描述
	SetCurveType	设置曲线类型
	SetCurveYName	设置指定曲线的 Y 轴关联的变量
	SetCurveYRange	设置指定曲线的 Y 轴下限、上限
	SetDotType	设置曲线点类型
	SetFont	设置字体
	SetLineType	设置曲线线型
	SetMaxNode	设置曲线保存的最大数据个数
	SetXAGrids	设置 X 轴主分度数
	SetTrendVar	修改曲线变量配置
	SetXBGrids	设置 X 轴次分度数
	SetYAGrids	设置 Y 轴主分度数
	StartCurve	启动曲线
	StopCurve	停止曲线
数值操作	DeleteAllHisData	清除全部曲线的历史数据
	GetSlidTimeValue	得到游标处某曲线 X 轴的值
	GetSlidYValue	得到游标处某曲线 Y 轴的值
	GetVarDataCount	获得指定曲线数据点的数目
	GetYByTime	获取曲线指定时间处的变量值
	ReflashHisData	刷新历史数据
曲线存储	LoadFromFile	从文件中加载数据
	LoadConfig	保存控件配置信息到文件

方法类别	控件方法	方法的功能
曲线存储	SaveToFile	保存数据到文件
	SaveConfig	保存控件配置信息到文件
时间设置	SetCurveTimeAdd	设置曲线历史数据时间间隔
	SetCurveTimeLen	设置曲线历史时间长度
	SetCurveBeginTime	设置曲线历史数据的起始时间
缩放方法	Zoom	曲线缩放
	ZoomBackForward	缩放回退
	ZoomRestore	缩放还原
其他方法	CurveProperty	显示指定曲线的配置
	GetTimeStyle	获取时间标签的风格
	SetLegendSTYLE	设置图例的显示模式
	SetTimeStyle	设置时间标签的风格
	ShowSetCurveDlg	显示曲线样式设定对话框
	ShowSetTimeDlg	显示时间设置对话框

五、专家报表系统

专家报表提供类似 Excel 的电子表格功能，可实现形式更为复杂的报表格式，它的目的是提供一个方便、灵活、高效的报表设计系统。

1. 专家报表功能

专家报表是北京三维力控科技有限公司在长期开发实践的基础上推出的功能强大、技术成熟的报表组态工具。主要适用于工业自动化领域，是解决实际开发过程中的图表、报表显示，输入，打印输出等问题的最理想的解决方案。采用专家报表可以极大地减少报表开发工作量，改善报表的人机界面，提高组态效率。非专业人员采用专家报表组件可以开发出专业的报表；而专业的开发人员采用专家报表组件，则可以更快地进行报表编辑。新的专家报表具有如下典型功能：

1）专业的报表向导

通过多年来总结用户的使用习惯和使用频率，开发报表向导功能，无论是制作本地数据库报表还是关系数据库报表，都可在最短的时间内完成。

2）丰富的单元格式与设计

通过专家报表组件，用户可以将数据转化为具有高度交互性的内容，报表的单元格多种多样，用户可以使用多种格式如按钮，下拉框，单选钮，复选框，滚动条来丰富报表的功能。

3）强大的图表功能

只要指定图表数据在表上的位置，一个精致的图表就完成了。

4）支持多种格式导入导出

在专家报表中支持 CSV、XLS、PDF、HTML、TXT 等文件格式的导出，以及支持 CSV，XLS，TXT 等文件格式的导入，提高了组件数据的共享能力。

5）与 Excel、Word 表格数据兼容的复制和粘贴

专家报表支持剪切、复制和粘贴，其基本格式与 Excel、Word 表格相同；用户采用这个功能可以在 Excel、Word 表格和专家报表来交换数据。

6）别具一格的选择界面

专家报表采用特有的颜色算法，能够清晰地区分选择区域。

7）强大的打印及打印预览功能

专家报表对打印的支持非常丰富。提供了设置页眉、页脚、页边距、打印预览无级缩放、多页显示、逐行打印等功能。

2. 专家报表相关概念

若要使用专家报表，必须先理解几个概念。如图 7.2.8 所示是专家报表图。

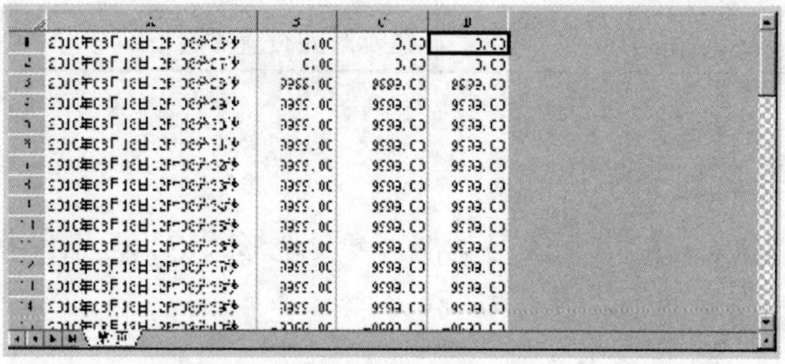

图 7.2.8　专家报表

1）表页

专家报表中的每一张表格称表页，是存储和处理数据的最重要的部分，其中包含排列成行和列的单元格。使用表页可以对数据进行组织和分析。可以同时在多张工作表上输入并编辑数据，并且可以对来自不同工作表的数据进行汇总计算。在创建图表之后，既可以将其置于源数据所在的工作表上，也可以放置在单独的图表工作表上。

2）单元格

单元格是指表页中的一个格子，行以阿拉伯数字编号、列以英文字母编号，如第一行第一列位 A1。

3）区域

区域是指表页中选定的矩形块。可以对它进行各种各样的编辑。如拷贝、移动、删除等。引用一个区域可用它左上角单元格和右下角编号来表示，中间用冒号作分隔符，如 D:G5。

4）模板

专家报表中的模板分两种：普通模板和替换模板。 普通模板指的是将整个制作完的报表保存成一个模型，可以在不同工程中的报表里进行加载。替换模板主要用于报表里的变量替换，它又分运行模板和组态模板。运行模板是在运行环境下通过函数调用此模板来达到替换表页中变量的目的，这样只要制做一个表页就可以显示不同的变量；组态模板主要用于报表编辑环境下对表页中的变量进行替换，如果报表中有多个分布于不同区域的变量需要替换成其他变量，通过此模板可以达到快速编辑报表的目的。

六、报警系统

1. 报警功能介绍

力控报警机制可分为"过程报警"和"系统报警"。过程报警是过程情况的警告，比如数据超过规定的报警限值或低于规定的报警限值时，系统会自动提示和记录。用户根据需要还可以设置是否产生声音报警、是否发送短信以及是否发送 E-mail 等。系统报警是当系统运行错误、I/O 设备通讯错误或出现设备故障时而产生的报警。

2. 报警类型和优先级

报警主要是由实时数据库通过处理报警参数的形式来进行处理的。报警参数同时也是力控留给用户的设置接口，用户可以通过设置数据库变量的相关参数来进行报警设置。在这里以表格的形式把所有报警相关参数列举如下：

（1）模拟量报警（如表 7-4 所示）

表 7-4　模拟量报警参数表

报警类型	报警参数	报警优先级
低低限报警	低低限参数　LL	低低限报警优先级 LLPR
低限报警	低限参数　LO	低限报警优先级 LOPR
高高限报警	高高限参数　HH	高高限报警优先级 HHPR
高限报警	高限参数　HI	高限报警优先级 HIPR
变化率报警	限值　RATE　和周期　RATECYC	变化率报警优先级 RATEPR
偏差报警	偏差限值　DEV　和设定值　SP	偏差报警优先级 DEVPR
报警死区	死区限值　DEADBAND	
延时报警	延时时间　ALARMDELAY	

（2）开关量报警（如表 7-5 所示）

表 7-5　开关量报警参数

报警类型	报警参数	报警优先级
开关量状态报警	正常状态值　NORMALVAL	异常报警优先级 ALARMPR

1）报警类型

模拟量主要是指整型变量和实型变量，包括内存型和 I/O 型的。模拟型变量的报警类型主要有三种：越限报警、偏差报警和变化率报警。对于越限报警和偏差报警可以定义报警延时和报警死区。

①越限报警：越限报警包括低低限报警、低限报警、高高限报警、高限报警，当过程测量值超出了这四类报警设定的限值时，相应的报警产生。

②偏差报警：当过程测量值（PV）与设定值（SP）的偏差超出了偏差限值 DEV 时，报警产生。

③变化率报警：模拟量的值在固定时间内的变化超过一定量时产生的报警，即变量变化太快时产生的报警。当模拟量的值发生变化时，就计算变化率以决定时候报警。变化率的时间单位是秒。

变化率报警利用如下公式计算：（测量值的当前值-测量值上一次的值）/（这一次产生测量值的时间-上一次产生测量值的时间）取其整数部分的绝对值作为结果，若计算结果大于变化率（RATE）/变化率周期（RATECYC），则出现报警。

④死区：死区设定值 DEADBAND 防止了由于过程测量值在限值上下变化，不断地跨越报警限值造成的反复报警。

⑤延时报警：延时报警保证只有当超过延时时间 ALARMDELAY 后，PV 值仍超出限值时，才产生延时报警。

⑥开关量状态报警：只要当前值与预先组态的正常状态值（NORMALVAL）不同，就会产生报警。比如，某一点的正常状态值（NORMALVAL）设为 1，当它的过程值（PV 值）变为非 1 数值时即产生报警。

（2）报警优先级

报警优先级的不同取值分别代表各类不同级别。

0：低级报警

1：高级报警

2：紧急报警

这 3 个级别从 0 到 2 优先级顺序从低到高。在实时报警显示和系统报警窗口显示中，首先显示高优先级的报警。报警优先级是处理和显示各类报警先后顺序的依据。它标志着报警的严重程度，可以在动作脚本中利用脚本函数 GetCurAlm（或者$alarm 数据库变量）来获取当前报警的优先级，然后根据优先级来进行其他处理。

3. 报警状态

（1）当数据处于报警状态时，用户可选择的提示方式有：

1）弹出提示框；

2）声音报警；

3）播放音乐或语音（语音自己录制，由 Playsound 函数播放）；

4）发送 E-mail 或短信；

5）顶层报警窗实时显示；

6）本地报警控件进行实时和历史显示。

（2）一个数据库组态变量确定是否处于报警状态的方式有：

1）使用 GetCurAlm 函数，详见函数；

2）使用变量 AlmStat 来表示，详见点参数；

3）使用数据库变量来表示，详见参数报警。

4. 报警组态

（1）报警组态概述

报警数据在实时数据库中处理和保存。各种报警参数是数据库点的基本参数，用户可在进行点组态的同时设置点的报警参数。

本地报警是用来显示和确认报警数据的窗口。由开发系统 Draw 在工程画面中创建，而由界面运行系统 View 运行显示。本地报警是利用访问实时数据库的报警文件来进行查询的，不但可以访问本地的历史报警数据，还可以访问远程数据库的历史报警数据，构成分布式的、网络化的报警系统。

（2）数据库中配置报警参数

力控过程报警的初始配置是在数据库组态界面中配置完成的，配置界面如图 7.2.9 所示。

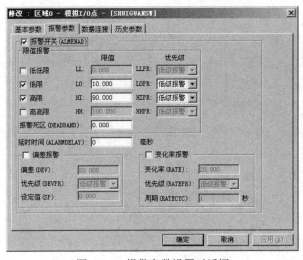

图 7.2.9　报警参数设置对话框

在此界面中可以配置报警限值、报警优先级、报警死区、报警延时时间、偏差报警和变化率报警等。

（3）系统报警

系统报警是指当运行系统中有报警产生时，会以某些固定的方式进行提示，力控中的系统报警的方式有：记录、标准报警声音、弹出提示框、系统报警窗、打印等。如图 7.2.10 所示。

【任务实施】

一、太阳能光伏发电系统趋势曲线显示

1. 趋势曲线设计要求

观察光伏发电系统的主界面。虽然可直观看到系统实时运行状态，但经常需要以曲线形式绘出各个状态曲线，以便分析系统运行趋势。要求设计如图 7.2.11 所示的实时曲线图和历史曲线图，可在趋势曲线界面观察各部分电流与电压的实时曲线，要观察历史曲线可以单击实时/历史切换按钮。

图 7.2.10　系统报警

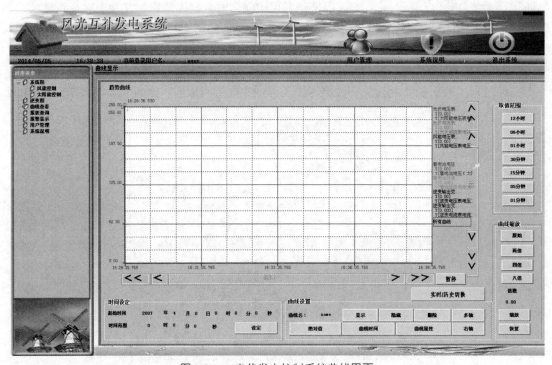

图 7.2.11　光伏发电控制系统曲线界面

2. 实时趋势曲线设计步骤

（1）在工程项目窗口中新建光伏发电系统曲线窗口如图 7.2.12 所示。

（2）双击工程项目中的复合组件，如图 7.2.13 所示。

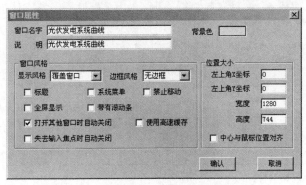

图 7.2.12　新建光伏发电系统曲线窗口

图 7.2.13　添加趋势曲线

（3）在打开的子窗口中单击曲线模板，然后在标准图库中双击趋势曲线标准模板一，即可创建趋势曲线。如图 7.2.14 所示。

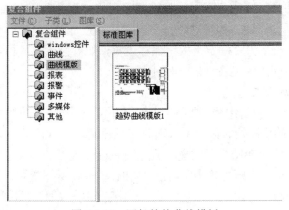

图 7.2.14　添加趋势曲线模板

下图即为创建的趋势曲线模板，如图 7.2.15。

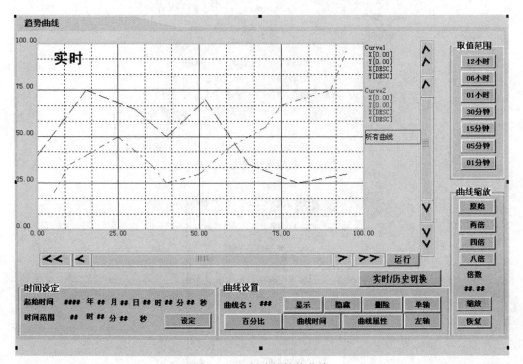

图 7.2.15　创建的趋势曲线

（4）接下来是对趋势曲线的属性进行配置。双击曲线模板，弹出"属性"对话框，自上而下配置，"曲线类型"栏选择"实时趋势"，"数据源"栏选择"系统"。"曲线"中的"画笔"选项卡，在"名称"栏填入"光伏电压表"，后单击"变量"栏边上的"？"可进行数据库变量及其点参数的选择，也可以手动填写。"低/高限"以实际情况配置，曲线属性依个人而定。"时间"栏需要注意的是，可进行配置的只有"显示格式"、"时间长度"以及"采样间隔"。由于是"实时曲线"，所以不能对"开始时间"进行配置。配置完毕后单击"增加"按钮，曲线添入上方空栏中，单击下方"确定"按钮保存设置，如欲修改，可再双击曲线模板，重新进行配置。实时曲线属性配置参见图 7.2.16 所示。

3．历史监控曲线画面组态

仿照实时曲线的建立方法步骤建立历史曲线，不同处在于，"曲线类型"栏选择"历史趋势"而"时间"选项中的"开始时间"可选而且必须设置，它直接关系到历史趋势的存储起始时间。其余选项参见"实时趋势"的设置。配置好的历史趋势曲线监控画面如图 7.2.17 所示。

值得注意的是，无论是"历史趋势"还是"实时趋势"，所加变量一定要完成了历史参数的连接（这个问题我们在数据库组态一节提及过），否则"历史趋势"不会呈现任何曲线，"实时趋势"的曲线也只能显示当前时刻开始的曲线，一旦发生窗口切换或关闭后重开便不再存在了。

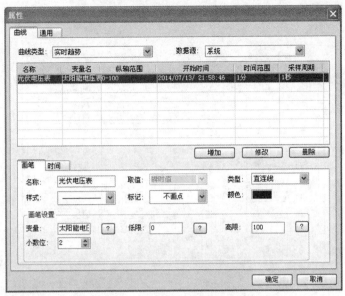

图 7.2.16   实时曲线属性配置

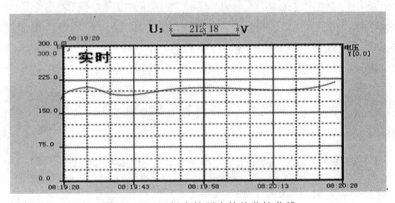

图 7.2.17   运行中的历史趋势监控曲线

4. 趋势曲线的动画连接

力控是面向对象的监控组态软件，所以，每一个对象的动作都与相应的变量、函数或脚本关联，每一个变量、函数或脚本也必须关联相应的对象。所以要想实现 ForceControl 监控组态软件的动画效果，必需要将数据库组态或变量、脚本与对象关联上。工程界面窗口的组态画面完成后，我们要对其中的对象进行动画的连接。在本设计中要实现的动画功能是：实时监测光伏发电、观察实时/历史趋势曲线、报表操作、观察事件及报警。

依据上述的动作要求，依次将要求有动画的对象进行动画连接。动画连接的方法有两种，一是在"属性"窗口中选择，一种是双击对象后自动产生对话框，两种方法是一致的都会弹出如图 7.2.18 所示的动画连接对话框。图中划分了五个区域，分别为"鼠标相关动作""颜色相关动作""尺寸旋转移动""数值输入显示"及"杂项"，这些动画类别本设计中大都有用到，这里举例介绍。

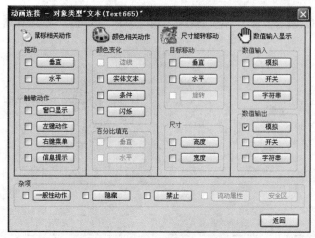

图 7.2.18　"动画连接"对话框

"鼠标相关动作"，包含"拖动"（下分垂直、水平拖动）和"触敏动作"（下分窗口显示、左键动作、右键动作、信息提示）。"拖动"连接使对象的位置与变量数值相连接，在系统运行时，当对象被鼠标选中或拖动时，动作触发；"触敏动作"则是系统运行时单击或将鼠标放置在对象上，动作触发。以"窗口显示"和左键动作为例。"垂直拖动"首先要确定拖动距离，以像素表示，可以画一条参考竖线，上下两端点作为拖动的首末端，在工具箱状态区域中记下其长度及坐标。其次选取或建立拖动对象，使对象与参考端对齐放置。再次，单击"动画连接"对话框中"窗口显示"弹出图 7.2.19 所示对话框，将变量关联。单击"确定"按钮。

图 7.2.19　窗口显示的连接对话框

"数值输入显示"，包含"数值输入"和"数值输出"，二者均下分为"模拟量"、"开关量"和"字符串"，通常关联着使用，即输入的同时可以显示出输入的内容。以一个智能仪表的参数给定界面为例，如图 7.2.20（a）所示。具体操作：双击文本，产生"动画连接"对话框，单击"模拟"弹出图7.2.20（b）所示对话框。

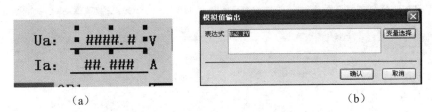

（a）　　　　　　　　　　　　　　（b）

图 7.2.20　数值输出的动画连接

二、光伏太阳能监控系统的报表组态

报表，是监控组态软件中重要的组成部分之一。一般有历史报表和专家报表之分。力控的专家报表是技术成熟，功能强大的报表组态工具。能够解决实际开发过程中的图表、报表显示、输入、打印输出等问题的最理想的解决方案。采用专家报表可以极大地减少报表开发工作量，改善报表的人机界面，提高组态效率。可以更快地进行编辑。专家报表提供类似 Excel 的电子表格功能，可实现形式更为复杂的报表格式，它的目的是提供一个方便、灵活、高效的报表设计系统。将报表组态步骤详述如下：

应当注意的是，如果需要报表中显示数据的历史记录值，在进行报表组态前要检查数据库组态中的相关点参数是否连接了"历史连接"，这一点我们在前述章节有所提及。

然后，在开发系统 Draw 下建立"专家报表窗口"在窗口"工具箱"或"工程项目"中找到"组件"下属的"专家报表"选项，拖到开发窗口中。如图 7.2.21 所示。

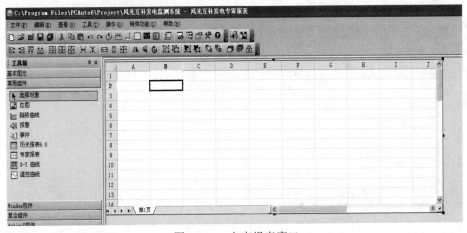

图 7.2.21　专家报表窗口

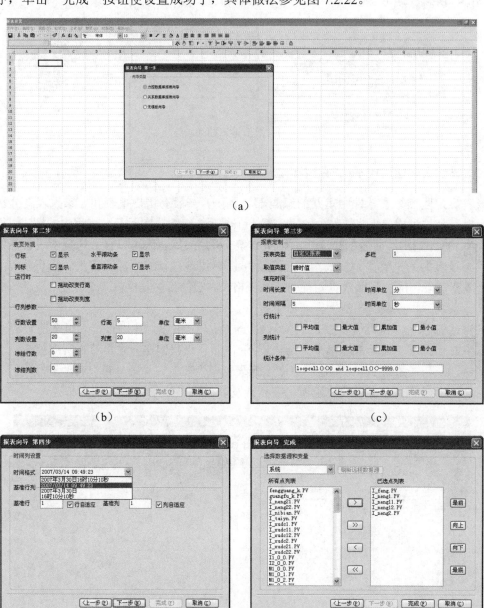

双击表格，弹出报表的"属性"设置对话框，我们选择建立"力控数据库报表向导"，单击"下一步"按钮，将"表格外观""报表制定""时间设置"基本属性依工程要求设置好，最后到"选择数据源变量"一步时，将要在报表中显示的数据变量添加进去并依数据的重要性给以排序，单击"完成"按钮便设置成功了，具体做法参见图 7.2.22。

（a）

（b）

（c）

（d）

（e）

图 7.2.22　报表属性设置

组态完毕后并运行起来的专家报表如图 7.2.23 所示。该表中设有三个显示变量，为日报表，表中的 "-9999.00" 表示无效数据，是系统默认值，可更改。

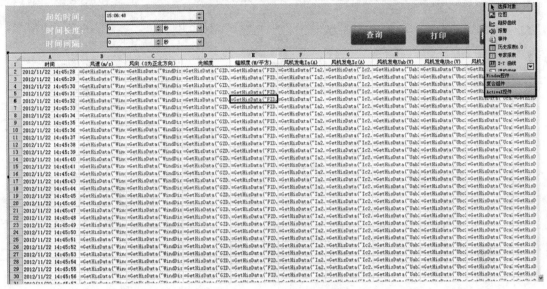

图 7.2.23　运行中的专家报表

三、光伏发电系统报警窗口的建立与设置

报警，也是监控组态软件的不可缺少的部分，利用报警功能可以显示现场出现的问题及故障等，提示操作人员引以注意或检修。力控提供三种报警控件的组态方法，并且具有语音报警功能。这里以一例进行详述。

首先，要实现报警功能，必须将相关数据点参数在数据库组态时进行"报警参数设置"，这一点前面已经提及，这里不再赘述。其次，在开发系统 Draw 中建立报警窗口，并在"工具箱"中找到"复合组件"中的"报警"组件拖出，双击弹出属性配置对话框，将其配置完毕后，确定关闭。如图 7.2.24 所示。

【任务检查与评价】

1. 什么是趋势曲线？趋势曲线分为哪两个类型？
2. 如何利用力控组态软件导出实时曲线的模型？
3. 如何利用组态软件中的报表专家制作报表？
4. 报警分为几种类型，分为几个优先级？
5. 编制简单的组态界面，实现实时趋势与历史趋势之间的转换。

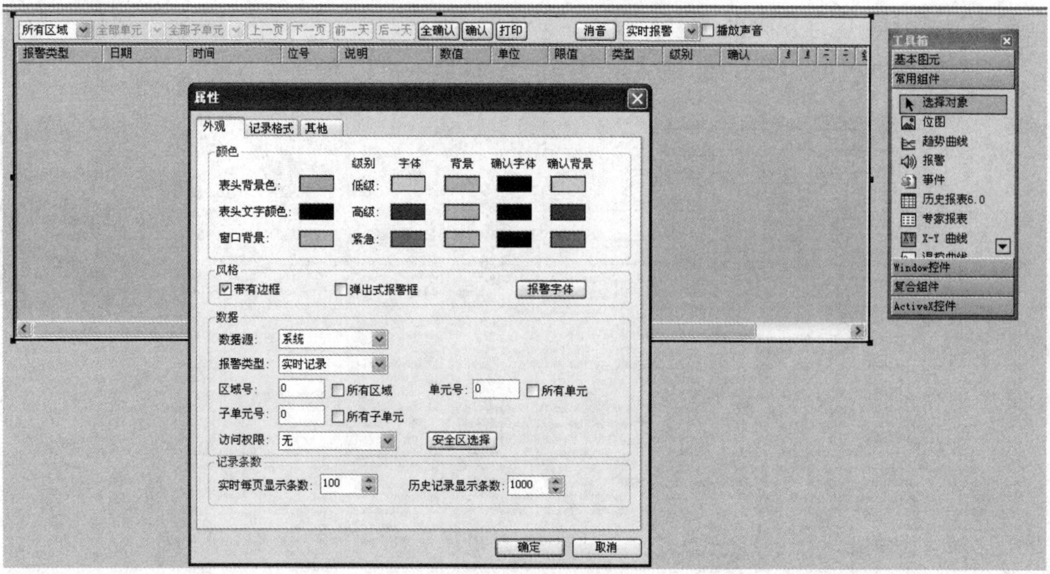

图 7.2.24　报警控件配置

【课外拓展】

风光互补发电系统的概述

能源是国民经济发展和人民生活必须的重要物质基础。在过去的 200 多年里，建立在煤炭、石油、天然气等化石燃料基础上的能源体系极大地推动了人类社会的发展。但是人类在使用化石燃料的同时，也带来了严重的环境污染和生态系统破坏。近年来，世界各国逐渐认识到能源对人类的重要性，更认识到常规能源利用过程中对环境和生态系统的破坏。各国纷纷开始根据国情，治理和缓解已经恶化的环境，并把可再生、无污染的新能源的开发利用作为可持续发展的重要内容。风光互补发电系统是利用风能和太阳能资源的互补性，具有较高性价比的一种新型能源发电系统，具有很好的应用前景。

风光互补发电系统的发展历程

最初的风光互补发电系统，就是将风力机和光伏组件进行简单的组合，因为缺乏详细的数学计算模型，同时系统只用于保证率低的用户，系统的使用寿命不长。

近几年随着风光互补发电系统应用范围的不断扩大，保证率和经济性要求的提高，国外相继开发出一些模拟风力、光伏及其互补发电系统性能的大型工具软件包。通过模拟不同系统配置的性能和供电成本可以得出最佳的系统配置。其中 Colorado State University 和 National Renewable Energy Laboratory 合作开发了 Hybrid2 应用软件。Hybrid2 本身是一个很出色的软件，它对一个风光互补系统进行非常精确的模拟运行，根据输入的互补发电系统结构、负载特性以及安装地点的风速、太阳辐射数据获得一年 8760 小时的模拟运行结果。但是 Hybrid2 只是一个功能强大的仿真软件，本身不具备优化设计的功能，并且价格昂贵，需要的专业性较强。

在国外对于风光互补发电系统的设计主要有两种方法进行功率的确定：一是功率匹配的方法，即在不同辐射和风速下对应的光伏阵列的功率和风机的功率和大于负载功率，主要用于系统的优化控制；另一是能量匹配的方法，即在不同辐射和风速下对应的光伏阵列的发电量和风机的发电量的和大于等于负载的耗电量，主要用于系统功率设计。

目前国内进行风光互补发电系统研究的大学，主要有中科院电工研究所、内蒙古大学、内蒙古农业大学、合肥工业大学等。各科研单位主要在以下几个方面进行研究：风光互补发电系统的优化匹配计算、系统控制等。目前中科院电工研究所的生物遗传算法的优化匹配和内蒙古大学新能源研究中推出来的小型户用风光互补发电系统匹配的计算即辅助设计，在匹配计算方面有着领先的地位，而合肥工业大学智能控制在互补发电系统的应用也处在前沿水平。

据国内有关资料报道，目前运行的风光互补发电系统有：西藏纳曲乡离格村风光互补发电站、用于气象站的风能太阳能混合发电站、太阳能风能无线电话离转台电源系统、内蒙微型风光互补发电系统等。

风光互补发电系统的技术原理

风光互补是一套发电应用系统，该系统是利用太阳能电池方阵、风力发电机（将交流电转化为直流电）将发出的电能存储到蓄电池组中，当用户需要用电时，逆变器将蓄电池组中储存的直流电转变为交流电，通过输电线路送到用户负载处。是风力发电机和太阳电池方阵两种发电设备共同发电。

风光互补发电站采用风光互补发电系统，风光互补发电站系统主要由风力发电机、太阳能电池方阵、智能控制器、蓄电池组、多功能逆变器、电缆及支撑和辅助件等组成一个发电系统，将电力并网送入常规电网中。夜间和阴雨天无阳光时由风能发电，晴天时由太阳能发电，在既有风又有太阳的情况下两者同时发挥作用，实现了全天候的发电功能，比单用风机和太阳能更经济、科学、实用。适用于道路照明、农业、牧业、种植、养殖业、旅游业、广告业、服务业、港口、山区、林区、铁路、石油、部队边防哨所、通讯中继站、公路和铁路信号站、地质勘探和野外考察工作站及其他用电不便地区。

风光互补技术构成

（1）发电部分：由1台或者几台风力发电机和太阳能电池板矩阵组成，完成风—电；光—电的转换，并且通过充电控制器与直流中心完成给蓄电池组自动充电的工作。

（2）蓄电部分：由多节蓄电池组成，完成系统的全部电能储备任务。

（3）充电控制器及直流中心部分：由风能和太阳能充电控制器、直流中心、控制柜、避雷器等组成。完成系统各部分的连接、组合以及对于蓄电池组充电的自动控制。

（4）供电部分：由一台或者几台逆变电源组成，可把蓄电池中的直流电能变换成标准的220V交流电能，供给各种用电器。

风光互补发电技术的优势

风光互补发电系统由太阳能光电板、小型风力发电机组、系统控制器、蓄电池组和逆变器等几部分组成，发电系统各部分容量的合理配置对保证发电系统的可靠性非常重要。

由于太阳能与风能的互补性强，风光互补发电系统在资源上弥补了风电和光电独立系统在资源上的缺陷。同时，风电和光电系统在蓄电池组和逆变环节是可以通用的，所以风光互补发电系统的造价可以降低，系统成本趋于合理。

风光互补发电系统的结构

风光互补发电系统主要由风力发电机组、太阳能光伏电池组、控制器、蓄电池、逆变器、交流直流负载等部分组成。该系统是集风能、太阳能及蓄电池等多种能源发电技术及系统智能控制技术为一体的复合可再生能源发电系统。

（1）风力发电部分利用风力机将风能转换为机械能，通过风力发电机将机械能转换为电能，再通过控制器对蓄电池充电，经过逆变器对负载供电；

（2）光伏发电部分利用太阳能电池板的光伏效应将光能转换为电能，然后对蓄电池充电，通过逆变器将直流电转换为交流电对负载进行供电；

（3）逆变系统由几台逆变器组成，把蓄电池中的直流电变成标准的 220V 交流电，保证交流电负载设备的正常使用。同时还具有自动稳压功能，可改善风光互补发电系统的供电质量；

（4）控制部分根据日照强度、风力大小及负载的变化，不断对蓄电池组的工作状态进行切换和调节：一方面把调整后的电能直接送往直流或交流负载。另一方面把多余的电能送往蓄电池组存储。发电量不能满足负载需要时，控制器把蓄电池的电能送往负载，保证了整个系统工作的连续性和稳定性；

（5）蓄电池部分由多块蓄电池组成，在系统中同时起到能量调节和平衡负载两大作用。它将风力发电系统和光伏发电系统输出的电能转化为化学能储存起来，以备供电不足时使用。

风光互补发电系统根据风力和太阳辐射变化情况，可以在以下三种模式下运行：风力发电机组单独向负载供电；光伏发电系统单独向负载供电；风力发电机组和光伏发电系统联合向负载供电。

风光互补发电比单独风力发电或光伏发电有以下 3 个优点：

（1）利用风能、太阳能的互补性，可以获得比较稳定的输出，系统有较高的稳定性和可靠性；

（2）在保证同样供电的情况下，可大大减少储能蓄电池的容量；

（3）通过合理地设计与匹配，可以基本上由风光互补发电系统供电，很少或基本不用启动备用电源如柴油机发电机组等，可获得较好的社会效益和经济效益。

风光互补发电系统的应用前景

中国现有 9 亿人口生活在农村，其中 5%左右目前还未能用上电。在中国无电乡村往往位于风能和太阳能蕴藏量丰富的地区。因此利用风光互补发电系统解决用电问题的潜力很大。采用已达到标准化的风光互补发电系统有利于加速这些地区的经济发展，提高其经济水平。另外，利用风光互补系统开发储量丰富的可再生能源，可以为广大边远地区的农村人口提供最适宜也最便宜的电力服务，促进贫困地区的可持续发展。

　　我国已经建成了千余个可再生能源的独立运行村落集中供电系统，但是这些系统都只提供照明和生活用电，不能或不运行使用生产性负载，这就使系统的经济性变得非常差。可再生能源独立运行村落集中供电系统的出路是经济上的可持续运行，涉及到系统的所有权、管理机制、电费标准、生产性负载的管理、电站政府补贴资金来源、数量和分配渠道等。但是这种可持续发展模式，对中国在内的所有发展中国家都有深远意义。